Von Elstern, Eichhörnchen und Erdhummeln

Für Margrit und Ingo,

die uns viele Jahre mit Worten und Taten

inspiriert haben.

Mona & Hinrich Neumann

Von Elstern, Eichhörnchen und Erdhummeln

Heimische Tiere
und die Geheimnisse
ihrer Lebensweise

Warum wir dieses Buch gemacht haben

In unserer heutigen Lebenswelt ist das Innehalten und Beobachten der Natur eher selten geworden. Während wir aufs Smartphone hämmern, übers Tablet wischen oder von Termin zu Termin hasten, gibt es um uns herum jedoch eine wunderbare, geheimnisvolle Welt, eine Art Paralleluniversum. Da webt eine Spinne ihr sagenhaft symmetrisches Netz, da bauen Hornissen einen wunderschönen Palast aus Papier, da zieht ein Regenwurm ein Blatt in die Tiefe seiner Gänge.

Nicht nur die Fähigkeit, heimische Arten zu bestimmen, sondern auch das Wissen um ihre Lebensweise geht uns zunehmend verloren. Statt um den Schutz geht es um das Vertreiben, wie ein Blick ins Internet zeigt: Gibt man Tierarten wie Ameisen, Kellerasseln, Spinnen oder Wespen ein, erhält man viele Abwehrtipps bis hin zu chemischen Keulen gegen diese „lästigen Mitbewohner". Zu leichtfertig wird dabei übersehen, dass diese Tiere auch die Nahrung von Igeln, Vögeln, Fröschen oder Kröten sind und wir mit Gift oder anderen Maßnahmen in das ökologische Gleichgewicht eingreifen.

Das Gleiche betrifft die Gestaltung des Gartens. Hier setzt sich ein Schönheitsideal durch, das mit arbeitssparenden Mährobotern und anderen Hilfsmitteln immer einfacher zu erhalten ist. Doch Gärten haben eine wichtige Funktion als Ersatzlebensräume und Trittsteine für viele Tier- und Pflanzenarten. Wilde Ecken im Garten wie Totholzstapel bieten Nahrung, Rückzugsraum und sogar Winterquartier für einige Tiere. Blumenwiesen statt Golfrasen locken Nützlinge wie Schmetterlinge, Käfer oder Hummeln an – und die sind nicht nur schön anzusehen, sondern auch Nahrungsgrundlage für Igel, Vögel, Amphibien und andere.

Wenn man weiß, dass nur die Große Brennnessel die Larven der Schmetterlingsarten Pfaugenauge, Admiral oder Kleiner Fuchs ernährt, sieht man sie vielleicht eher mit anderen Augen und lässt sie stehen. Oder wenn man sich bewusst macht, dass der unermüdliche Maulwurf in seinem kilometerlangen Gangnetz unter der Erde auch viele schädliche Insekten frisst und die Schermaus vertreibt, die mit ihrem Wurzelfraß Pflanzen und Bäume schädigt, toleriert man den einen oder anderen Hügel im Rasen eventuell leichter. Auch sieht man womöglich ein Hornissennest gelassener, wenn man weiß, dass die friedlichen Brummer vor allem Wespen vertilgen.

Wir hoffen, dieses Buch hilft, sich mit Kindern und Enkelkindern wieder mehr der Natur zuzuwenden, sie als Kraftort zu verstehen und ihre Zusammenhänge zu studieren. Es gibt so viele kleine und große Wunder zu bestaunen!

Inhalt

Tipp: Ameisen sind nützliche und faszinierende Gartenbewohner. Wenn sie aber im Haus in Massen auftreten oder Pflastersteine unterhöhlen, können sie auch lästig werden. Zum Vertreiben sollten Sie auf die chemische Keule verzichten, da Ameisen Nahrungsquelle für andere Tiere sind.

Ein Sozialstaat unter der Erde

Ameisen haben die Arbeitsteilung perfektioniert. In dem Volk, das fast nur aus Schwestern besteht, hat jedes Tier seine Aufgabe. Die kleinen Krabbler können nicht nur unglaubliche Lasten tragen und geschickt Nahrung sammeln, sondern putzen und kämpfen auch gemeinsam.

Auf so mancher Terrasse entstehen im Sommer zwischen den Pflastersteinen, quasi über Nacht, kleine Sandhäufchen. Hebt man einen Stein oder eine Platte hoch, lässt sich ein faszinierendes Gewimmel darunter entdecken: das Nest eines Ameisenvolks der **Schwarzen Wegameise** *(Lasius niger)*, auch Gartenameise genannt.

Vier verschiedene Gruppen im Volk

Es gibt rund 20 000 Ameisenarten auf der Welt, davon rund 200 in Europa. Ameisen leben in sogenannten Staaten. Ein Volk hat nicht selten mehrere 100 000 Individuen, darunter nur eine Königin. Es gliedert sich in drei bis vier arbeitsteilige Gruppen:

1. Die Königin legt die Eier. Sie kann über 20 Jahre alt werden. Eine Lasius niger-Königin wird 8 bis 9 mm groß.
2. Die Arbeiterinnen (bei der Wegameise 3 bis 5 mm lang) sind für Aufgaben zuständig wie Nahrung eintragen, Nest bauen und verteidigen sowie Brut pflegen. Sie leben meist nur drei Jahre. Es gibt keine Spezialisten für einzelne Tätigkeiten, die Arbeiterinnen übernehmen bei Bedarf auch Aufgaben anderer Tiere.
3. Einige Arbeiterinnen haben einen vergrößerten Kopf und kräftige Oberkiefer. Früher meinte man, dass sie der Verteidigung dienen, und bezeichnete sie als „Soldaten". Anderen Literaturquellen nach sind sie eher für das Zerkleinern von grober und harter Nahrung zuständig.
4. Die Männchen sind 3,5 bis 4,5 mm lang und haben eine sehr kurze Lebensdauer: Sie sterben wenige Tage, nachdem sie die Königin begattet haben, die anderen kurze Zeit nach Verlassen des Nestes. Ansonsten haben sie keine besondere Bedeutung. Sie sind weder an der Arbeit noch an der Verteidigung des Nestes beteiligt.

Der Hochzeitsflug

Ein- oder zweimal im Jahr entstehen geflügelte Männchen und Weibchen, die meist gleichzeitig das Nest verlassen und sich auf diesen „Hochzeitsflügen" paaren. Dabei bewahrt das Weibchen – die spätere Königin – in einer Samentasche Spermien auf, mit denen die Eier in den folgenden Jahren befruchtet werden. Nicht alle Königinnen überleben, manche werden bei diesem Ausflug von anderen Tieren erbeutet. Hat eine Königin aber den Hochzeitsflug überstanden, wirft sie die Flügel ab und legt ein neues Nest an. Entweder beginnt sie noch am selben Tag mit der Eiablage oder wartet damit bis zum nächsten Frühjahr. Sie kann längere Zeit ohne Nahrung auskommen, indem sie von gespeicherten Reservestoffen lebt. Später frisst sie aber mitunter Eier und Larven und verfüttert diese auch an die restliche Brut.
Schon wenige Tage nach der Eiablage schlüpfen die ersten Larven. Nach rund 40 Tagen entstehen daraus die erwachsenen Arbeiterinnen, die somit alle Schwestern sind. Sie übernehmen ab da die Pflege der Brut. Mit Speichelsekret ernährt der Hofstaat die Königin, damit sich diese ganz auf die Eiablage konzentrieren kann. Die Königin gibt dagegen über den Mund und die Haut Flüssigkeiten ab, die von den Arbeiterinnen aufgesaugt werden und als Anreiz für die Pflege dienen. Das Nest verlässt die Königin nicht mehr. Das Nest, das die Arbeiterinnen um ihre Kammer anlegen, verlässt die Königin nicht mehr. Weil sich die Steine auf sonnigen Terrassen besonders schnell erwärmen, sind diese ein beliebter Ort für die Nester. Die kleinen Sandhaufen sind der Aushub der Tunnel.

Tipp: Kräftige Gerüche auf Ameisenstraßen, Öle oder Kräuter-Konzentrate, etwa Lavendel und Minze, Zitronenschalen, Essig, Zimt, Chili und Gewürznelken sollen die Tiere abwehren.

Kokons werden nach oben getragen

Die Arbeiterinnen belecken die Eier, weil diese bestimmte Temperaturansprüche haben. Später füttern sie die Larven mit flüssiger Nahrung aus dem Kropf, einem Organ, in dem sie flüssige Nahrung speichern und heraufwürgen können. Die Nahrungsübergabe wird auch als "Ameisenkuss" bezeichnet. Die Arbeiterinnen helfen den Larven auch beim Schlüpfen aus der Puppenhülle. Aus unbefruchteten Eiern schlüpfen die Männchen. Die Arbeiterinnen tragen die Puppen nach oben dicht unter die Oberfläche des Nestes, damit sie von der Sonne erwärmt werden und sich dadurch schneller entwickeln. Diese hellgelben, länglichen Gebilde sind mehrere Millimeter lang und unter Gehwegplatten oder Pflastersteinen zu sehen, wenn man diese anhebt. Sie werden fälschlicherweise als „Ameiseneier" bezeichnet, sind aber die Kokons der Puppen.

Im Nest muss die richtige Temperatur herrschen. Ist es zu warm, graben die Arbeiterinnen zusätzliche Löcher und Ausgänge, um für mehr Durchzug zu sorgen. Ist es zu kalt, gibt es auch eine Lösung: Bei Arten wie der Roten Waldameise lassen sich einzelne Arbeiterinnen im Frühjahr in der Sonne erwärmen und geben diese Wärme dann im Nest ab. Weil bei dieser Art der „Heizung" viele Tiere beteiligt sind, funktioniert das tatsächlich.

Tipp: Um Ameisen fernzuhalten,
beim Pflastern Kies statt Sand verwenden.
Im Haus Krümel und Nahrungsreste beseitigen,
Vorräte fest verschließen.

Honigtau als Nahrung

Eine wichtige Aufgabe der Ameisenarbeiterinnen ist die Nahrungssuche. Die Schwarze Wegameise ernährt sich hauptsächlich von Honigtau. Das ist eine süße, sehr zuckerhaltige Ausscheidung von Blattläusen, Schildläusen oder

Zikaden. Diese stechen Leitungsbahnen von Gräsern, Kräutern oder Bäumen an, in denen die Pflanzen Zuckersaft transportieren. Dieser entsteht bei der Photosynthese. Die Läuse entnehmen daraus nur wenige Stoffe als Nahrung und scheiden den durch Speichel und Verdauungssekrete veränderten Saft in Form von Honigtau wieder aus. Er enthält mit 60 bis 95 % Zucker mehr als Blütennektar und lockt daher u. a. Bienen an.
Aber auch einige Ameisenarten wie unsere Schwarze Wegameise schätzen diese süße Nahrung. Sie besuchen „ihre" Blattlausherden regelmäßig. Um den Honigtau aufzunehmen und im Kropf ins Nest zu tragen, nutzen sie die Zunge (Fachbegriff: Glossa). Sie nehmen nicht nur die Ausscheidungen der Blattläuse auf, sie melken sie regelrecht: Mit ihren Fühlern bestreichen sie die Läuse oder trillern auf ihnen, damit diese mehr von dem süßen Saft absondern. Die Gelbe Wegameise, die auch bei uns im Garten vorkommen kann, legt sogar unterirdische Kammern an, um dort Wurzelläuse wie Haustiere zu halten. Die Läuse wiederum profitieren von den Ameisen, da diese ihre Herde gegen Fraßfeinde verteidigen. So von den Ameisen geschützte Blattlausherden vermehren sich stärker als andere. Das führt dazu, dass die Ameise bei einigen Gartenbesitzern nicht beliebt ist.
Damit die Sammler und Jäger wieder ins Nest finden, legen die Arbeiterinnen eine Duftspur. Je besser die Nahrungsquelle, desto intensiver der Duft. Auf der Suche nach Nahrung kommt die Schwarze Wegameise auch ins Haus und sucht hier vor allem süße Nahrung, aber auch Fleischreste. Im Nest nehmen andere Tiere die Nahrung auf, die die Sammlerinnen tröpfchenweise abgeben.

Wie Feinde erkannt werden

Doch Ameisen sind keine Vegetarier. Sie greifen auch andere Insekten an und zerstückeln diese, um die Teile ins Nest zu transportieren. Dabei können die winzigen Tiere das 50-fache ihres eigenen Körpergewichts tragen. Ist eine Beute zu groß oder wehrt sich gegen eine einzelne Ameise, eilen andere schnell zur Hilfe und stürzen sich auf sie. Genauso funktioniert auch die Verteidigung im Nest: Dringt ein Räuber ein, alarmieren die „Wächterinnen" die anderen Stockgenossinnen, die gemeinsam gegen den Feind, andere Insekten aber auch räuberische Artgenossen, vorgehen. Dabei kämpfen die Ameisen mit dem kräftigen Oberkiefer, dem Giftstachel und einer Giftdrüse. Einige Arten wie die Rote Waldameise besitzen keinen Stachel, können aber als Gift Ameisensäure in eine Bisswunde spritzen. Die Säure kann Haut und Nervensystem der Opfer zerstören. Eindringlinge können die Wächterinnen über ihre Antennen riechen: Der Geruch entsteht u. a. durch das Futter. Da die Ameisen in einem Volk meist das Gleiche fressen und Nahrung sogar von Tier zu Tier weitergeben, riechen die Tiere eines Volks alle gleich.

Tipp: Wenn man beobachtet, wo die Ameisen ins Haus kommen, sollten Fugen mit Silikon verschlossen werden.

Viele Feinde

Ameisen haben viele Feinde, wie z. B. Vögel, aber auch den Ameisenlöwen. Damit ist die Larve der Ameisenjungfer gemeint. Während das erwachsene Tier einen grazilen, libellenähnlichen Körperbau hat und mit der Florfliege verwandt ist, besitzt die Larve zangenähnliche Werkzeuge. Sie legt im Sand Fangtrichter an. Wenn ein flugunfähiges Insekt wie eine Ameise hineinrutscht, ergreift der Ameisenlöwe es mit den Zangen und injiziert ein tödliches Gift. Der Ameisenlöwe bleibt zwei Jahre lang Larve, bevor er sich verpuppt und als Ameisenjungfer schlüpft.

Gastgeber, Sklavenhalter und Landwirte

In der faszinierenden Welt der Ameisen gibt es noch weitere spannende Geheimnisse unter der Erde:

Es gibt Arten, die Puppen und Larven aus anderen Nestern rauben und als „Sklaven" halten. Diese Sklaven kümmern sich dann um die Brut der Räuber.

Andere Arten betreiben eine Art Landwirtschaft, indem sie z. B. Blattläuse gezielt auf Pflanzen in der Nähe des Nestes setzen und „melken". Andere züchten Pilze auf Pflanzenteilen, von denen sie leben.

Es gibt etliche Tierarten, die in Ameisenbauten leben. Man vermutet, dass sie sich dort vor Fressfeinden schützen. Dazu zählen Spinnen, Schaben, Schwebfliegenlarven oder Käfer wie der Rosenkäfer. Andere leben als Räuber im Nest.

Ein Ameisenvolk vertilgt von April bis Oktober etwa 10 Millionen Insekten, darunter viele Schadinsekten.

Mit antibiotischem Baumharz, der in der Nähe gesammelt wird, oder mit der selbst produzierten Ameisensäure sorgen die Ameisen dafür, dass es im Nest keine Krankheiten gibt. Sie desinfizieren sich und den Magen mit der Säure, haben Forscher herausgefunden.

Einige Vögel wie Eichelhäher oder Krähen nutzen die Ameisensäure zur Pflege gegen Parasiten: Sie legen sich dazu auf einen Hügel von Waldameisen, die die vermeintlichen Feinde mit Ameisensäure besprühen.

Waldameisen sind für den Wald sehr nützlich: Sie verbreiten den Samen von mehr als 150 Pflanzenarten, darunter Lerchensporn, Ehrenpreis oder Buschwindröschen.

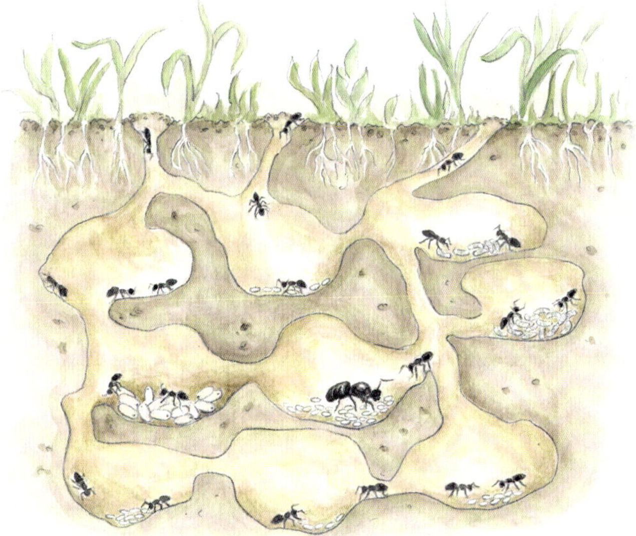

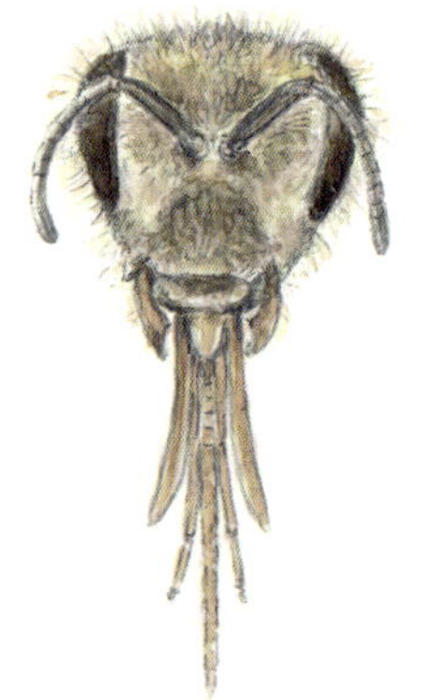

Eine Familie mit vielen Gesichtern

Bei „Biene“ hat man sofort die Honigbiene im Sinn, die als domestizierte Art Honig produziert. Doch sie hat noch viele wilde Schwestern mit verblüffenden Kräften und Eigenschaften.

An vielen Blüten herrscht im Sommer ein ständiges Kommen und Gehen: Bienen sammeln an schönen Tagen Nektar oder Pollen. Dabei denkt man sofort an die Honigbiene. Aber es gibt noch viele wilde Arten, die ähnlich aussehen und dem gleichen Handwerk nachgehen. Allein in Deutschland existieren etwas mehr als 500 verschiedene Bienenarten in sieben Familien. Nicht alle leben in Völkern, es gibt auch Einsiedlerbienen. Die Honigbiene ist etwa 1,5 cm lang. Ein besonderes Merkmal, mit dem sie sich auch von Wespen unterscheidet, sind die Haare an der Brust und am Hinterleib. An ihnen sollen möglichst viele Pollen beim Blütenbesuch hängen bleiben.

Drei Kasten im Volk

Die Königin, die Drohnen und die Arbeiterinnen: Das sind die drei Kasten im Bienenvolk. Die Arbeiterinnen sind die Kleinsten, machen aber den Hauptteil des Bienenvolks aus, das über 40 000 Individuen umfassen kann. Im Gegensatz zur Königin besitzen sie besondere Drüsen zum Ausscheiden von Wachs. Zudem ist ihre Zunge länger. Damit sammeln sie den Nektar von den Blüten. Eine neue Generation von Königinnen wächst in den Weiselzellen im Bienenstock heran. Sobald die erste der jungen Königinnen geschlüpft ist, tötet sie die übrigen und begibt sich auf Hochzeitsflug. Die Drohnen, die im Laufe des Hochsommers geschlüpft sind, schwärmen in der Zeit ebenfalls aus und begatten die Königin. Anschließend kehrt die junge Königin in ihren Stock zurück. Die alte Königin (also die Mutter) verlässt daraufhin mit einem Teil des Schwarms den Stock und gründet einen neuen.

Königin oder Arbeiterin?

Die junge Königin besitzt genügend Samenvorrat, damit sie im Laufe ihrer vier- bis fünfjährigen Lebenszeit über 100 000 Eier ablegen kann. Daraus schlüpfen Arbeiterinnen und junge Königinnen. Aus unbefruchteten Eiern entstehen die Drohnen. Ob aus einem Ei eine Arbeiterin oder eine Königin wird, entscheidet die Qualität und Menge der Nahrung. Die Königinsubstanz, die beim Füttern weitergereicht wird, bewirkt, dass die Arbeiterinnen die Larven in den Zellen „normal" füttern. Stirbt die Königin unerwartet, bauen die Arbeiterinnen größere Zellen für die Larven und füttern sie besonders gut. Darin wachsen dann wieder Königinnen heran.

Fester Arbeitsplan

Die Arbeiterinnen leben nur wenige Wochen. Sie übernehmen in einer bestimmten Reihenfolge verschiedene Tätigkeiten: Reinigen des Stocks, Bau von Zellen, Füttern der Larven und Sammeln von Pollen und Nektar. Der Honig, den wir Menschen bei Zuchtbienen nutzen, ist eigentlich der Wintervorrat, den die Tiere für Zeiten anlegen, in denen sie weniger Nektar oder Pollen sammeln können. Denn Bienen sind die einzige blütenbestäubende Insektenart, bei der das Volk überwintert. Nektar ist eine zuckerhaltige Flüssigkeit, die Pflanzen zum Anlocken von Tieren ausscheiden. Die Tiere nehmen beim Blütenbesuch Pollen auf und tragen ihn zu anderen Pflanzen der gleichen Art. So vermehren sich die Pflanzen. Es gibt Pflanzen- und Bienenarten, die voneinander abhängig sind. Den Nektar saugen die Bienen mit dem Rüssel an, der dann weiter in Richtung Kropf transportiert wird. Den Pollen sammeln sie mit ihren Haaren am Körper und vor allem an den Beinen. Blattschneiderbienen und ihre Verwandten haben am Bauch dagegen eine Bürste aus nach hinten gerichteten Haaren und werden deshalb „Bauchsammler" genannt. Den Nektar tragen die Bienen zwar im Kropf auch in den Stock, er dient aber auch zur eigenen Ernährung. Pollen ist für die Aufzucht der Brut. Von einem festen Standort aus fliegt eine Honigbiene einen Radius von bis zu 3 km ab. Mithilfe der „Tanzsprache" informieren Sammlerinnen die anderen Bienen über die ertragreichsten Trachten, also die Pflanzen, die ausreichend Nektar und Pollen bieten.

Die Königin legt in ihrer Lebenszeit bis zu 100 000 Eier.

Stechen ist tödlich

Bienenweibchen haben einen Stachel, der die Haut durchdringen kann. Allerdings besitzt er Widerhaken. Dadurch wird der gesamte Hinterleib der Biene beim Fortfliegen herausgerissen. Im Gegensatz zu Wespen können Bienen daher nur einmal stechen und sterben daran. Drohnen besitzen keinen Stachel. Die wilden Honigbienen bauen ihren Stock in Baum- oder Erdhöhlen und anderen Nischen. Dort errichten sie ihre sechseckigen Wachswaben.

So schützen Sie Bienen

Der Verlust an Blühpflanzen, der Straßenverkehr, Insektenvernichtungsmittel im Garten, übertriebene, „unkrautfreie" Gartenpflege oder sogar „Schottergärten" sowie moderne Baumaterialien können Ursachen dafür sein, dass die Zahl der Bienen und ihre Artenvielfalt zurückgehen. Das bedeutet: Wer Bienen helfen will, legt also möglichst naturnahe Gärten mit Blühpflanzen an. Kurzes, gebündeltes Schilfrohr, an einem warmen Platz im Garten ausgelegt, dient als künstliche Nistgelegenheit. Auch nehmen die Tiere Bohrungen in Hartholzblöcken oder Lehmziegeln als Nistplatz an. Darüber hinaus gibt es viele verschiedene Nisthilfen für Wildbienen, die Sie auch leicht selbst bauen und anbringen können: Hölzer mit waagerechten Bohrungen, Holzstapel oder Vogelkästen an der Wand oder am Boden. Bauanleitungen für Insektenbehausungen finden Sie u. a. beim NABU unter www.nabu.de

Weitere interessante Bienenarten

In Europa gibt es etwa 560 Bienenarten. Daher hier nur eine kleine Auswahl:

Die 3 cm große **Blaue Holzbiene** *(Xylocopa violacea)* besitzt ein kräftiges Mundwerkzeug, mit dem sie in Holzbalken oder Pfähle bis zu 30 cm lange Gänge beißt. Darin sind an die 15 Kammern angelegt. Die Kammern füllt sie randvoll mit Pollen und legt die Eier hinein.

Die 1 cm große, dicht behaarte **Zottelbiene** *(Panurgus calcaratus)* kriecht gern quer durch die Blüte, bis sie über und über mit Pollen bedeckt ist. Diesen trägt sie in ihren Bau. Sie sitzt häufig in den Blüten von Löwenzahn.

Die 2 cm große **Sandbiene** *(Andrena vaga)* legt Gänge 30 bis 50 cm tief im lockeren Boden an. Die Sand- oder Erdbienen sind eine der artenreichsten Bienengruppe. Andere Arten wie *Andrena fulva* legen ihr Nest gern zwischen Pflastersteinen an.

Die **Mauerbiene** *(Osmia rufa)* legt ihre Behausung in Mauerritzen von Gebäuden an und verklebt ihren Bau mit einer Mischung aus Speichel und Lehm. Dazu gehören z. B. auch Rollläden oder Schlüssellöcher. Ihre Schwesternart *(Osmia bicolor)* dagegen nutzt leere Schneckenhäuser, in die sie die Eier ablegt und mit Nadeln und Grashalmen zudeckt.

Die **Wollbiene** *(Anthidium punctatum)* baut ihre Nester aus Pflanzenwolle, die sie von Nadeln oder behaarten Pflanzen wie Salbei, Königskerze, Silberpappel oder Quitte abraspelt, zu einer Kugel zusammenrollt und zwischen Kopf und Vorderbeinen ins Nest trägt. Einige Bienen kleben ihre Eier mit Harz auch unter Steinen an, weshalb sie auch „Harzbienen" genannt werden. Sie sind etwa 1 cm groß.

Die 1,5 cm lange **Hosenbiene** *(Dasypoda hirtipes)* hat ihren Namen, weil ihre Hinterbeine mit vielen fuchsroten Haaren besetzt sind. Mit diesen „Hosen" kann sie mit etwa sieben Transportflügen 300 mg Pollen sammeln.

Seidenbienen verbreiten einen Duft nach Kandiszucker. Sie kleiden ihre Bauten in Lehmwänden oder im Sandboden innen mit einer seidenartigen Masse aus. Sie besuchen mit Vorliebe Schafgarbe, Rainfarn oder Heidekraut.

Die **Blattschneiderbienen** schneiden kreisrunde Löcher in Blätter von Birken, Eichen oder Rosen. Mit diesen Blattstücken kleiden sie die Gänge ihrer Nester aus.

Hummeln: Pelzige Blütenbesucher

Hummeln sind eine Unterart der Bienen und gehören zu den größten Vertretern dieser Familie. Der Name stammt wohl von dem brummenden Flugton. Typisch ist der dicke, runde Körperbau und die meist sehr farbige Behaarung. Auch sie haben einen Stachel, der aber nicht, wie bei den Bienen, stecken bleibt. Darum können Hummeln auch mehrmals stechen.

Es gibt in Deutschland rund 30 Arten, wovon nur sechs wirklich häufig vorkommen. Die bekannteste bei uns ist die **Helle Erdhummel** *(Bombus lucorum)*. Sie ist schwarz, trägt aber am Hinterleib eine gelbe Binde. Ihr Nest legt sie im lockeren Erdreich an, gern auch in verlassenen Mäuse- oder Maulwurfnestern.

Weitere Arten: Die **Steinhummel** *(Pyrobombus lapidarius)* ist schwarz mit einem roten Hinterende. Daneben gibt es die gelblich-braune **Ackerhummel** *(Megabombus pascuorum)*, die gern in verlassenen Nestern von Siebenschläfern oder auf Dachböden nistet. Die Ackerhummel gehört zu den langrüsseligen Arten, kann also auch Nektar aus längeren Blüten saugen. Die kurzrüsselige Erdhummel dagegen kommt an den Nektar z. B. beim Beinwell heran, indem sie mit ihren kräftigen Mundwerkzeugen (Mandibeln) die Blütenkelche aufbeißt und seitlich den Nektar heraussaugt.

Hummeln besitzen an den Hinterbeinen Körbchen und Bürsten. Körbchen sind kleine Dellen in den Hinterbeinen, die mit Borsten umgeben sind. In diese „bürsten" die Tiere den Pollen mithilfe von dichten Borstenreihen an der Innenseite der Hinterferse. Sie können etwa die Hälfte ihres Körpergewichts an Pollen und Nektar transportieren (50 bis 60 mg). Damit gelten sie als die effektivsten Sammler.

Wegen ihrer Körpergröße bevorzugen sie kräftige und größere Blüten. Sie können schon ab 10 °C fliegen und sind damit eher unterwegs als Bienen.

Vor dem Hummelnest schlägt morgens ein Tier kräftig mit den Flügeln und verursacht dadurch ein lautes Brummen. Früher glaubte man, dieser „Hummeltrompeter" wecke das Volk. Inzwischen weiß man aber, dass damit frische Luft in das Nest gefächelt werden soll – wie mit einem Ventilator. Anders als bei den Bienen, überwintern Hummeln nicht. Das Volk bricht im Herbst zusammen. Nur die junge Königin lebt unter Moos oder in der Erde eingegraben weiter.

Tipp: Weil Spechte tote Bäume für den Höhlenbau brauchen, ist es hilfreich, einige Exemplare bei der Gartenpflege stehen zu lassen.

Holzbildhauer mit Köpfchen

Buntspechte leben fast ausschließlich an Baumstämmen: Hier finden sie ihre Beute oder bauen ihre Höhle. Ihr Körper ist vom Schnabel bis zur Schwanzspitze so geformt, dass sie perfekt an die senkrechte Haltung angepasst sind.

Ein rhythmisches Klopfen mischt sich häufig unter das melodische Gezwitscher der Vögel im Frühjahr. Es kommt von irgendwo oben aus einem Baum: „Tok, tok, tok" – bis zu 20-mal in der Sekunde. Das Trommeln ist der „Gesang" der Spechte. Das Männchen hämmert gern auf die dürren Äste, um ein möglichst lautes Geräusch zu erzeugen. Sein Klopfen wird durch den in Schwingung versetzten Ast verstärkt. Wie bei anderen Vögeln auch, grenzt das Männchen damit sein Revier ab und lockt Weibchen an. Das weit schallende Geräusch hören aber auch Nebenbuhler, die dann um die Gunst eines Weibchens kämpfen. Weibchen trommeln ebenfalls, um auf sich aufmerksam zu machen. Bei der Nahrungssuche oder dem Hacken der Nisthöhle dagegen ist der Schlag eher kraftvoller bei nicht so hoher Frequenz. Besonders häufig in unseren Gärten ist der Buntspecht. Wörtlich übersetzt bedeutet der lateinische Name *Dendrocopus major* „Großer Baumhämmerer". Seinen deutschen Namen hat er daher, dass sein Gefieder oben schwarz, die Unterseite dagegen gelbgrau gefärbt ist. Hinterkopf und Unterbrauch sind beim Männchen karminrot, beim Weibchen ist nur der Bauch rot. Normalerweise lebt der Buntspecht in Wäldern, kommt aber auch an Feldgehölzen vor. Im Herbst und im Winter ist er auch im Garten zu beobachten. Sein Ruf klingt wie „Pick, Pick" oder „Kick, Kick". „Es sieht herrlich aus, wenn bei heiterem Wetter diese Buntspechte sich von Baum zu Baum jagen, im Sonnenschein schnell an den Ästen hinauflaufen oder sich an den oberen Spitzen hoher Bäume sonnen oder auf einem dürren Zacken, von der Sonne beschienen, ihr sonderbares Schnurren hervorbringen", heißt es in „Brehms Tierleben".

Typisches Merkmal: Die Höhle

Haben sich Männchen und Weibchen gefunden, meißeln sie gemeinsam eine Höhle als Nest in den Stamm. Früher hat man angenommen, dass diese Höhlen den Bäumen schaden. Aber das konnte schon Ende des 19. Jahrhunderts widerlegt werden. Das Eingangsloch ist so klein, dass der Specht gerade hindurchpasst. Die Höhle geht etwa 20 cm senkrecht nach unten. Die Jungen sind darin vor Wind, Regen, Sturm oder Feinden geschützt. Wenn das Loch fertig ist und der Specht sich langsam nach innen vorarbeitet, fallen die Späne nicht mehr nach außen, sondern auf den Boden der Höhle. Dann nimmt der Specht von Zeit zu Zeit einen Schnabel voll und schleudert die Späne hinaus. Bis das Nest fertig ist, dauert es zwei bis drei Wochen. Beim Bau lösen sich Männchen und Weibchen gegenseitig ab. Die Eier legen sie anschließend auf ein weiches Bett aus Holzspänen, die noch in der Höhle liegen. Nach 23 Tagen sind die Jungen flügge und verlassen das Nest.

Viele Nachmieter

Die Spechte bauen nicht jedes Jahr eine neue Höhle, sondern beziehen einen Bau mehrmals. Fangen sie einen neuen an, beenden sie diesen jedoch oft vorzeitig, weil ihnen irgendetwas nicht passt. Dann beginnen sie an anderer Stelle neu. Gelegentlich zimmern sie an Orten, an denen sie länger verweilen, nur eine Schlafhöhle. Die Vögel, die bis zu 13 Jahre alt werden können, legen also im Laufe ihres Lebens reichlich Bauten an. Die verlassenen und selbst die halbfertigen Höhlen können anderen Tieren als Unterschlupf oder Brutstätte dienen. Denn es gibt viele höhlenbrütende Tiere. So berichtet die Deutsche Wildtierstiftung, dass beim Schwarzspecht bis zu 50 Tierarten als Nachmieter in den Höhlen vorkommen. Dazu gehören die Hohltaube, die Dohle oder der Rauhfußkauz, aber auch Baummarder, Haselmaus, Siebenschläfer, Bienen oder Holzkäfer. Den Bau des kleineren Buntspechts dagegen nutzen Kohl- oder Tannenmeisen sowie der Sperlingskauz gern.

Mit den halbmondförmigen Zehen kann sich der Specht an Baumstämmen festklammern.

Kletterkünstler am Stamm

Der Buntspecht kommt nur selten auf den Boden, er lebt fast nur an den Stämmen von Bäumen in Wäldern, Parks und Gärten. Brehms beschreibt Spechte in „Brehms Tierleben" als die „vollendetsten aller Klettervögel". Hierbei helfen ihnen die Krallen sowie der Schwanz: Die Zehen sind mit halbmondförmigen, starken Krallen besetzt, mit denen sich der Specht mühelos an Stämmen festklammern kann. Die Zehenballen, die Sohlen und der Bauch dienen als Reibungsfläche. Der stabile Schwanz sichert ihn gegen das Abrutschen ab. Anders als die geschickte „Spechtmeise" (der Kleiber), klettern Spechte niemals mit dem Kopf voran am Stamm herunter. An der Wand hängend schlafen sie auch gern in ihren Höhlen. Die sehr biegsamen Schwanzfedern wirken aber auch wie eine Schnellfeder, wenn er mit dem Schnabel hämmert. Wenn er doch einmal in der Luft ist, fliegt der Buntspecht wellenförmig. Hat er einen neuen Baum gefunden, landet er meist unten am Stamm und klettert dann schnell gerade oder in Schraubenlinien um den Stamm herum nach oben.

Keine Gehirnerschütterung

Das wichtigste Werkzeug des Spechts ist sein Schnabel. Dieser ist meißelartig geformt. Damit der Vogel beim Hämmern kein Kopfweh bekommt, hat er ein paar anatomische Besonderheiten:
Der Spechtschnabel ist so geformt, dass er die Kraft des Schlags abfängt.
Zwischen Schnabel und Schädel befindet sich eine Art Stoßdämpfer.
Das Gehirn ist von einer starken Knochenhülle umgeben. Anders als beim Menschen, schwimmt das Gehirn nicht in Flüssigkeit und füllt fast den gesamten Schädel aus. Weil es daher nicht hin- und herschwappt, bekommt der Specht auch keine Gehirnerschütterung.

Die lange, biegsame Zunge ist im Kopf aufgerollt.

Zunge als Jagdwerkzeug

Auf dem Speiseplan des Buntspechts stehen Insekten und ihre Eier, Larven und Puppen, dazu Nüsse und Beeren. Er ist der Hauptfeind des Borkenkäfers und gilt damit als wichtiger Nützling im Wald. Zum Beutefang nutzt der Vogel seine lange, sehr dünne und biegsame Zunge, die im Kopf aufgerollt ist. Sie kann bis zu viermal so lang sein wie der Schnabel. Am längsten ist sie mit 10 cm beim Grünspecht. Zum Fressen meißelt der Buntspecht erst die Rinde vom Baum ab und fängt Insekten dann mit der Zunge. Diese kann er auch in kleinste Gänge hineinstecken. Dabei bewegt sie sich wurmartig vorwärts. Die Zunge ist mit einem klebrigen Schleim überzogen und besitzt am Ende fünf bis sechs kurze Stacheln – wie Widerhaken an einer Pfeilspitze. Beides hilft dem Specht, die Beute zu fangen. Gelegentlich ist auch zu beobachten, dass ein Buntspecht die Löcher in Nistkästen aufhackt und beispielsweise Eier oder junge Meisen herausholt.

Schmieden und Ringeln

Einige Ornithologen glauben, dass der Specht seine Beute an Ästen „herausjagt": Ähnlich wie die Regenwürmer beim Herannahen des Maulwurfs, kriechen die Larven oder Käfer auf der anderen Seite heraus, wenn der Specht an den Ast hämmert. Das weiß er und klettert von Zeit zu Zeit herum, um dort die Beute zu fangen. Klaus Ruge, langjähriger Leiter der Vogelschutzwarte Baden-Württemberg, hält diese Theorie aber für „Unsinn". Neben Insekten verspeist der Specht gern Kiefernsamen und andere harte Kost. Um an den Leckerbissen zu kommen, klemmt er Nüsse und Zapfen hinter die Schuppen der Rinde von z. B. Kiefern ein. Oder er meißelt erst ein Loch in einen Ast, beißt dann den Kiefernzapfen ab und steckt ihn in das Loch. Anschließend hackt er die kleinen Deckel über den Samen des Zapfens ab und holt sich seine Beute. Diese Vorrichtung nennt man im Volksmund „Spechtschmiede". Diese nutzt er auch für Haselnüsse. Mit dieser Arbeit beginnt er im Herbst, im Winter scheint sie die Hauptnahrung zu sein. Das kann man an den vielen Zapfen erkennen, die am Boden liegen, und an den Löchern im Stamm – ein deutliches Anzeichen, dass hier ein Buntspecht am Werk war. Eine weitere Besonderheit ist das „Ringeln": Hierbei schlägt der Buntspecht im Frühjahr Löcher in Birken, Hainbuchen oder Eschen, aus denen der süße Pflanzensaft austritt. Diesen trinkt er gern. Der Name „Ringeln" kommt daher, dass er die Löcher kreis- oder spiralförmig um den Stamm herum anlegt. Den Ringelsaft mögen auch Eichhörnchen, Meisen, Sperlinge, Insekten oder Hirsche gern.

Die Spechtfamilie

Spechte werden ihrer Färbung nach in verschiedene Arten unterteilt:

Der Schwarzspecht *(Dryocopus martius)*
lebt im Wald und ist mit 50 cm sehr groß. Da er im Flug mit der Krähe verwechselt werden kann, nennen ihn Förster auch „Holzkrähe"; sein Gefieder ist schwarz, der Schnabel hell, das Männchen hat einen roten Hinterkopf.

Der Grünspecht *(Picus viridis)*
sucht – anders als andere Spechte – die Nahrung auch am Boden, vor allem in Ameisenhaufen. Sein Gefieder ist grünlich, die Unterseite weiß-grau. Das Männchen hat einen roten Hinterkopf. Es ist häufig in Gärten zu beobachten und zu hören: Typisch ist das laute „Glü glü glü", das dem Lachen eines Menschen ähnelt.

Der Grauspecht *(Picus canus)*
ist dem Grünspecht sehr ähnlich, kommt aber eher im Hügel- oder Bergland vor. Auch der Weißrückenspecht ist ein Bergvogel.

Der Buntspecht *(Dendrocopos major)*
ist 25 cm lang und 100 g schwer.

Daneben gibt es auch noch den Mittel-, den Klein- und den Dreizehenspecht.

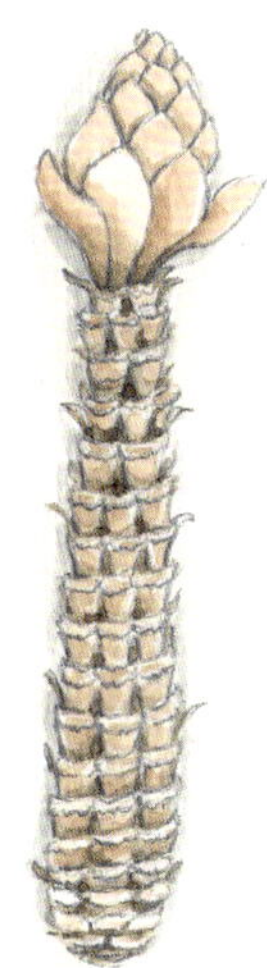

Fraßspuren an einem Tannenzapfen (von links):
Buntspecht, Eichhörnchen, Waldmaus

Tipp: Eine naturnahe Gartengestaltung hilft dem Eichhörnchen. Optimal sind Haselnusssträucher oder Walnussbäume sowie Obstbäume und eine nicht zu akribische Bodenpflege im Garten, da die Tiere dort ihre Wintervorräte verstecken.

Rotes Äffchen in unseren Wäldern

Unglaublich gewandt klettert und springt das Eichhörnchen an Bäumen hoch und runter. Das possierliche Tier ist ständig in Bewegung – auch im Winter, wo es von seinem Vorrat aus dem Herbst lebt.

Stillstand ist tödlich: Nach diesem Motto huscht, springt, hüpft und klettert das **Eichhörnchen** *(Sciurus vulgaris)* in den Bäumen von Parks und Wäldern umher. Selbst am Boden geht es nicht im Schritt oder Trab. „Brehms Tierleben" beschreibt das Eichhörnchen als den „Affen unserer Wälder". Das auch als Eichkätzchen bekannte Tier lebt fast ausschließlich in den Bäumen, in denen es Nahrung und Schutz findet. Wenn es will, braucht es den Boden zum Wandern von Baum zu Baum gar nicht zu berühren. Auch am Baum klettert es in affenartiger Geschwindigkeit selbst glatte Stämme hoch. Hierbei helfen ihm die langen, scharfen Krallen an den fingerartigen Zehen. Damit hakt es sich mit allen vier Füßen zugleich in die Baumrinde ein. Es läuft den Baum nicht nach oben, sondern springt. Indem es schraubenförmig um den Baum herumläuft, entgeht es Feinden wie Greifvögeln schnell. Es kann aber auch Hauswände senkrecht nach oben steigen. Mit seiner unglaublichen Sprungkraft nutzt es das Schwingen eines Astes beim Absprung geschickt aus und kann bis zu 5 m weit segeln.

Schwanz als Multifunktionswerkzeug

Das Eichhörnchen kann man zeitweilig auch hören. Der Schreckensruf hört sich an wie ein lautes „Duck, Duck" oder „Kwutt-kwutt", es kann aber auch schmatzen oder pfeifen. Ein typisches Merkmal bei dem 20 bis 25 cm langen Körper ist der im Verhältnis mit bis zu 20 cm sehr lange, buschige Schwanz. Er dient beim Klettern und Laufen auf den Ästen als „Balancierstange", beim Springen als Steuer und beim Fallenlassen als Bremse – ähnlich wie bei einem Fallschirm. Beim Schlafen funktioniert er wie eine Decke als Wärmeschutz, bei der Balz ist er dagegen Teil der Kommunikation. Wie ein amerikanisches Forscherteam herausgefunden hat, haben Eichhörnchen ein sehr gutes Gedächtnis. Zudem können sie blitzschnell Entscheidungen fällen, z. B. wie weit sie auf einem sich biegenden Ast nach vorn laufen dürfen oder ob die eigene Sprungkraft ausreicht, um den nächsten Baum zu erreichen. Die Wissenschaftler haben mit Hochgeschwindigkeitskameras festgestellt, dass die Tiere sogar in der Luft noch Korrekturen vornehmen und abbremsen können, falls sie über das Ziel hinauszuschießen drohen. Zur Intelligenz gehört auch, dass die Tiere schon in jungen Jahren spielerisch die Flucht einüben. So jagen sich die Geschwister, wobei sie sich nicht einholen wollen, sondern fliehen, wenn sie eines der anderen Jungtiere sehen. Hiermit wird die Flucht vor einem Greifvogel eingeübt. Der schlimmste Feind des Eichhörnchens ist jedoch der Baummarder. Da dieser ähnlich gewandt klettert, liefern sich beide heftige Verfolgungsjagden.

Tipp: Gartenbesitzer können dem Tier helfen, indem sie Büsche und Sträucher erst dann schneiden, wenn die letzten Früchte heruntergefallen sind.

Geschickter Nussknacker

Die scharfen Nagezähne des Eichhörnchens wachsen sein ganzes Leben lang nach. Damit kann das Tier ein breites Nahrungsspektrum für sich nutzen. Bei dem Allesfresser stehen verschiedene Früchte auf dem Speiseplan wie Samen, Knospen, Beeren, Pilze, Tannen- oder Kiefernsamen, Bucheckern, Eicheln oder Nüsse. Diese knackt es so: Erst hackt der Nager ein Loch in die Schale. Dann steckt er die unteren Schneidezähne in das Loch und hebelt damit die Nuss auf. Dabei macht sich das Eichhörnchen zunutze, dass der Unterkiefer beweglich ist und sich die Unterkieferhälften spreizen lassen. Die Zapfen von Kiefern oder Tannen beißt es zunächst ab, setzt sich dann auf die Hinterläufe und entfernt mit den Zähnen ein Blättchen der Zapfen nach dem anderen. Es plündert auch Nester von Singvögeln, wobei es Eier und manchmal auch Jungvögel nicht verschmäht.

Freund des Försters

Das Eichhörnchen legt einen umfangreichen Wintervorrat an. Hintergrund ist, dass es sich keine Speckschicht für den Winter anfuttert, sondern nur während Frostperioden eine Winterruhe einlegt. Damit es auch in der kalten Jahreszeit etwas zu fressen hat, vergräbt es Bucheckern, Eicheln oder Nüsse an verschiedenen Stellen im Boden, steckt sie aber auch in die Spalten und Höhlen von Bäumen oder Baumwurzeln, ins Gebüsch und unter Steine. Mit seinem gut entwickelten Geruchssinn kann das Eichhörnchen einen Nadelholzzapfen noch unter einer 30 cm tiefen Schneedecke wittern. So findet es viele seiner Futterdepots im Winter wieder, jedoch längst nicht alle. Damit verbreitet es unbewusst Samen von Bäumen – eine wichtige Funktion im Wald. Da das Eichhörnchen bis zu sieben Jahre alt wird, kann es also eine Menge Eicheln, Bucheckern und andere Früchte „säen".

Tipp: Eine Todesfalle für Eichhörnchen sind Regentonnen. Sie sollten daher abgedeckt sein.

Kugeliges Nest

Ist es draußen kalt und ungemütlich, vor allem bei Sturm, Gewitter, Regen oder Schneegestöber, bleibt das Eichhörnchen in seinem Nest. Jedes der Tiere hat mehrere Ausweichnester. Diese „Kobel" baut es in der Krone mittelgroßer Bäume. Als Baumaterial verwendet es Zweige, die es in die Astgabeln legt. Innen ist der Boden des Kobels mit Lehm oder Erde ausgekleidet und mit Moos und Gras weich gepolstert. Den Abschluss bildet ein kegelförmiges Dach, das dicht genug ist, um den Regen abzuhalten. Es entsteht eine Kugel, etwa 30 cm hoch und mit 50 cm Durchmesser. Das Eingangsloch kann das Eichhörnchen von innen verschließen, bis das schlechte Wetter vorbei ist. Die Tiere leben einzeln, jedes hat sein eigenes Revier. Auch die Weibchen. Daher gehen Männchen und Weibchen nach der Paarungszeit wieder getrennte Wege. Diese findet allerdings zweimal im Jahr statt. Denn Eichhörnchen bekommen zweimal im Jahr Junge: einmal im Frühjahr (März/April), das zweite Mal im Juni. Die Jungen werden in den Kobeln großgezogen, am liebsten aber in Baumhöhlen. Sie kommen nach 38-tägiger Trächtigkeit zur Welt. Haben die Eltern das Gefühl, das Nest wird bedroht, tragen sie die Jungen schnell woandershin. Solange die Kleinen nackt sind, erkennt man den Ansatz von Gleitflughäuten. Das ist ein Beweis dafür, dass das Eichhörnchen mit den Gleithörnchen verwandt ist. Letztere besitzen Flughäute, mit denen sie bis zu 80 m durch die Luft gleiten können. Das „Europäische Gleithörnchen" ist mit 14 bis 20 cm Länge etwas kleiner als unser Eichhörnchen. Der Name ist irreführend, weil das Gleithörnchen vor allem in Asien vorkommt.

Sagen und Sprichwörter

Das kleine, possierliche Tierchen kommt nicht nur in Sagen und Märchen vor, sondern ist auch Ausgangspunkt von Redewendungen und Sprichwörtern. In der nordischen Mythologie übermittelt das Eichhörnchen mit dem Namen Ratatöskr (auch Ratatosk = Rattenzahn) Nachrichten zwischen dem Adler in der Krone und dem schlangenartigen Drachen Nidhöggr am Fuße des Weltenbaums. Ein Sprichwort sagt: „Der Teufel ist ein Eichhörnchen." Es bedeutet, dass man sich nicht vom äußeren Schein trügen lassen und auch bei vermeintlich einfachen Situationen mit bösen Überraschungen rechnen soll. Literaturwissenschaftler nehmen an, dass Menschen schon im Mittelalter das Eichhörnchen mit dem Teufel gleichgesetzt haben. Ausschlaggebend dafür könnte die rote Farbe und die übernatürliche Schnelligkeit sein zusammen mit der Fähigkeit, auch kopfüber klettern zu können.

Futterhilfe im Winter

In sehr trockenen Sommern wie beispielsweise 2018 setzen Bäume und Sträucher nur wenig Früchte an oder werfen sie viel zu früh ab. Dann gibt es für Eichhörnchen im Herbst kaum etwas zu sammeln, der Wintervorrat bleibt aus. Die Deutsche Wildtierstiftung empfiehlt daher, Nüsse und Sonnenblumenkerne zu füttern, am besten über eine Eichhörnchen-Futterstation, die es im Handel zu kaufen gibt. Sie sollte an einer wettergeschützten Stelle so aufgehängt sein, dass Greifvögel und Katzen sie schwer erreichen können. Als Futter empfiehlt das Landesamt für Umwelt in Brandenburg nur artgerechtes Futter wie Sämereien, Nüsse und Früchte oder Rosinen, Maronen und Bucheckern.

Grau, schwarz oder rot?

Meist kennt man Eichhörnchen in Braun-Rot. Aber es gibt auch braune, blonde, gräuliche oder schwarze Eichhörnchen, teilweise mit weißer Unterseite. Je weiter man nach Süden kommt, desto dunkler werden die Hörnchen, in den Alpen kommen fast nur die schwarzen Vertreter vor. Sie haben laut Eichhörnchen-Notruf e. V. allerdings nichts mit dem gefürchteten **Amerikanischen Grauhörnchen** *(Sciurus carolinensis)* zu tun, das in Großbritannien oder Italien vorkommt. Dieses ist eine Gefahr für unser heimisches Eichhörnchen. In Großbritannien hat es die kleinere Art *Sciurus vulgaris* weitgehend verdrängt. Dafür gibt es mehrere Gründe: Es ist mit 700 g fast doppelt so groß, weniger wählerisch bei der Futterwahl und im Winter aktiver. Dabei plündert es auch die Nester des europäischen Eichhörnchens, das deshalb im Frühjahr geschwächt ist und weniger Jungen bekommt. Zudem überträgt das Grauhörnchen einen Pockenvirus, gegen den es selbst immun ist, der aber das rote Hörnchen befällt und tötet. Das Grauhörnchen gilt in England mittlerweile als Schädling, da es auch Rinde von Bäumen schält und diese damit schädigt oder sogar abtötet.

Tipp: Wer im Frühjahr ein junges Eichhörnchen findet, das aus dem Nest gefallen ist, bekommt beim bundesweiten Eichhörnchen-Notruf e. V. Tipps und Hilfe. www.eichhoernchen-notruf.com

So funktioniert die Hähersaat

Neben Eichhörnchen legen auch Eichelhäher im Wald Nahrungsdepots an. Der Förster spricht dabei von „Hähersaat". Wenn man in reinen Nadelwäldern plötzlich eine Buche oder eine Eiche sieht, war das wahrscheinlich die Arbeit des Vogels. In den Alpen übernimmt diese Arbeit der Tannenhäher, der hier Zirbensamen (den Samen der Zirbelkiefer) im Boden versteckt.

Der Eichelhäher und der Tannenhäher sind die einzigen Vögel in Europa, die Samen in der Erde verstecken, um sie später zu fressen. Ein Eichelhäher kann laut Deutscher Wildtierstiftung in seinem Kehlsack bis zu zehn Eicheln transportieren und in einem Mastjahr bis zu 5 000 Baumsamen verstecken. Ein Eichhörnchen schafft vielleicht sogar noch mehr.

Als „Mastjahr" versteht man Jahre wie beispielsweise 2022, in denen es besonders viele Eicheln und Bucheckern gibt. Früher haben die Bauern in diesen Jahren ihre Schweine in den Wald getrieben, damit sie sich an den fett- und proteinhaltigen Samen
dick und rund futtern konnten. So wurden sie gemästet – daher der Name.

Das Eichhörnchen ist bei der „Saat" in der Regel erfolgreicher als z. B. der Tannenhäher. Studien haben gezeigt, dass das Eichhörnchen Samen zumeist dort vergräbt, wo es eher unwahrscheinlich ist, dass sie von Räubern gefunden werden.

Für den Tannenhäher scheint dies, so eine aktuelle Studie des Senckenberg Forschungsinstituts, jedoch nicht entscheidend für die Standortwahl seiner Depots zu sein. Er vergräbt sie lieber in trockenem Boden oder an schattigen Plätzen. Aus Sicht des Vogels verständlich: Wenn die Samen ohne Feuchtigkeit und Licht nicht keimen, sind sie länger haltbar und dadurch auch später noch als Futter geeignet.

Wie bei anderen Vogelarten gibt die Schnabelform auch bei der Elster einen Hinweis darauf, woraus die Nahrung besteht. Allesfresser-Schnäbel sind kräftig und kantig. Elstern, aber auch Eichelhäher und Dohlen, haben ein Multifunktions-Werkzeug, um tierische und pflanzliche Kost zu vertilgen. Sie knacken mit dem Schnabel Eicheln, Haselnüsse und Bucheckern genauso geschickt, wie sie Abfälle verschlingen oder Würmer zerteilen.

Keckernde Gartenbesucherin

Unübersehbar mischt sich die schwarz-weiße Elster mit ihrem auffällig langen Schwanz unter das Vogelvolk im Garten. Und wenn man sie auch nicht sieht – ihr markanter Ruf ist unverwechselbar.

Kennen Sie das Geräusch, das entsteht, wenn man eine halbleere Streichholzschachtel schüttelt? Genauso hört sich der typische Ruf der **Elster** (*Pica pica*) an. Dieses schackernde ,,tschek-tschek-tschek" oder auch das „tschaka" ruft die Elster bei Gefahr als Alarm- oder Warnruf. Damit verteidigt sie aber auch ihr Revier. Kommuniziert sie dagegen mit einem Partner, ist ihr Gesang eher plaudernd und mit Pfeifen untersetzt. Die Elster ist ein typischer Rabenvogel und wird wegen ihrer Ähnlichkeit zu den schwarzen Brüdern auch „Gartenrabe" genannt. Weil sie sehr ruffreudig ist, hat sich das Sprichwort „schwatzhaft wie eine Elster" gebildet. Sie ist schwarz-weiß gefärbt: Brust und Schulterfedern sind weiß, das übrige Gefieder ist schwarz mit metallischem Schimmer, der fast ins Blaue geht. Typisch sind der lange Schwanz und die weißen Handflügel, also die äußeren Flügelfedern, die beim Flug zu beobachten sind. Der Vogel selbst ist 40 bis 51 cm groß, davon macht der Schwanz allein 20 bis 30 cm aus. Die Elster ist kein besonders guter Flieger. Schon ein wenig Wind macht sie unsicher. Anders als ein Rabe, fliegt sie nicht aus Vergnügen, sondern nur, wenn sie von einem Baum zum nächsten will. Man sieht sie dagegen oft aufrecht schreitend oder zweibeinig hüpfend auf dem Boden.

Elstern und ihre Verwandten wie Raben und Krähen sind für ihre außergewöhnliche Intelligenz bekannt. Sie erlaubt es ihnen, komplexe Probleme zu lösen, Werkzeug zu gebrauchen oder ihre Artgenossen auszutricksen.

Ein typischer Kulturfolger

Ursprünglich lebten Elstern vor allem in der offenen Agrarlandschaft, wo sie auf dem Grünland nach Futter gesucht haben. Mittlerweile hat das schlaue Tier seinen Lebensraum vermehrt in Ortschaften und Städte verlagert, genauer in Gärten, Hinterhöfe, Parks oder Friedhöfe. Dabei bleibt ein Pärchen dem Partner und dem zwischen 4 und 6 Hektar großen Revier sehr treu. Die Elster frisst gern Insekten, Würmer, Schnecken, kleine Wirbeltiere, Aas, Obst, Beeren, Feldfrüchte und Körner. Manchmal ist sie auch als Nesträuber unterwegs und plündert die Brut von kleineren Vögeln. Genau wie die Krähe ist sie auch in der Nähe von Straßen zu beobachten, wo sie die Reste von überfahrenen Tieren beseitigt.

Elstern interessieren sich nicht nur für glitzernde oder glänzende Gegenstände, sondern auch für anderes. Grund ist ihre starke Neugier.

Kugelnest in luftiger Höhe

Ihr Kugelnest legt die Elster weit oben in hohen Bäumen an. Dürre Reisigzweige bilden dabei den Unterbau, dann folgt eine dicke Lage mit Lehm, Erde oder Moos und dann die Nestmulde aus Tierhaaren und feinen Wurzeln. Von oben ist das Nest mit einer Haube von Dornen und trockenen Reisern abgedeckt, um den brütenden Vogel gegen Raubvogelangriffe abzusichern. Die Haube schützt aber auch vor Regen und Sonneneinstrahlung. Die sieben bis acht Eier sind braun gesprenkelt. Die sehr schlauen Eltern wissen genau, dass sie ihr Nest schnell verraten können, wenn sie zielstrebig darauf zu fliegen. Darum sind sie beim Anflug sehr vorsichtig. Elstern bauen meist mehr Nester, als sie zum Brüten benötigen. Einzelne Ornithologen beschreiben das Verhältnis von gebauten und bebrüteten Nestern mit 10:1. Die leer stehenden Elsternbauten nutzen gerne andere Arten wie der Turmfalke und die Waldohreule, die selbst keine Nester bauen.

Das Gehirn der Elster gilt als eines der höchstentwickelten unter den Singvögeln. Elstern sind neben Menschenaffen, Delfinen und Elefanten die einzigen Tiere, die sich selbst im Spiegel erkennen können. Das zeigen wissenschaftliche Experimente.

Viele Vorurteile

Zur Elster gibt es allerhand Vorurteile. So heißt es in „Brehms Tierleben" von 1890: „Im Frühjahr wird sie sehr schädlich, weil sie die Nester aller ihr gegenüber wehrlosen Vögel unbarmherzig ausplündert und einen reichbelaubten Garten buchstäblich veröden kann." Genauso hartnäckig hält sich der Glaube, die „diebische Elster" wäre süchtig nach glänzenden Gegenständen: „Unangenehm wird die zahme Elster durch ihre Sucht, glänzende Dinge zusammenzutragen und zu verstecken. So wird behauptet, dass hierdurch schon manches Unheil entstanden und mancher arme Mensch in bösen Verdacht gekommen ist", schreibt Brehm in seiner berühmten Enzyklopädie. Das gezielte Stehlen von glitzernden Gegenständen ist aber genauso wenig nachgewiesen wie das Gerücht, dass die Elster für den Rückgang von Singvögeln verantwortlich sei. „Akzeptieren Sie den Lauf der Natur. Dass Elstern und andere Rabenvögel Eier und Jungvögel fressen, gehört zur natürlichen Nahrungskette. Der Rückgang vieler Singvögel hat damit nichts zu tun", heißt es beim Naturschutzbund Deutschland (NABU). Fest steht, dass die Tiere sehr intelligent und neugierig sind. Sie sind auch gute Beobachter: So kann es sein, dass sie mitbekommen, wenn Vögel aus Angst vor einem Rasenmäher oder vor Hunden ihre Nester verlassen, und dann gezielt die Eier oder die Jungtiere rauben. Da die kleinen Singvögel meist mehrmals im Jahr brüten, ist ihr Bestand nicht gefährdet. Das zeigen auch wissenschaftliche Untersuchungen zum Verhältnis von Elstern und kleineren Singvogelarten. In keinem Fall haben Elstern zum Rückgang dieser Arten geführt. Ein Beispiel ist eine viel zitierte Studie aus dem Raum Osnabrück: Dort nahm der Bestand anderer Singvögel in fast zehn Jahren weiter zu, obwohl sich die Zahl der Elstern in diesem Zeitraum vervierfachte. Eine zweijährige Studie in Rheinland-Pfalz zeigte zudem, dass Jungvögel und Eier weniger als 1 % der Nahrung von Elstern und Rabenkrähen ausmachten. Vielmehr fanden sich in den Mägen der untersuchten Tiere vor allem Käfer und andere Insekten. An der Universität Vechta stellten Forscher fest, dass Rabenvögel am Boden brütenden Wiesenvögeln deutlich weniger zusetzen als landwirtschaftliche Arbeiten wie Walzen und frühes Mähen. Dazu kommt: Es gibt auch viele andere Nesträuber wie Fuchs, Marder, Eichhörnchen, Igel oder Ratten. Doch diese agieren eher heimlich und sind nicht so gut zu beobachten wie die auffälligen Vögel. Die Elster selbst fällt dem Habicht oder der Rabenkrähe zum Opfer, die gern Elsternnester ausräubern.

Die schlauen Vögel können Gegenstände wiederfinden, die sie selbst versteckt haben. Auf diese Weise legen sie Nahrungsreserven für den Winter an. Um die Verstecke vor anderen zu verbergen, verlagern sie die Vorräte immer wieder an andere Orte.

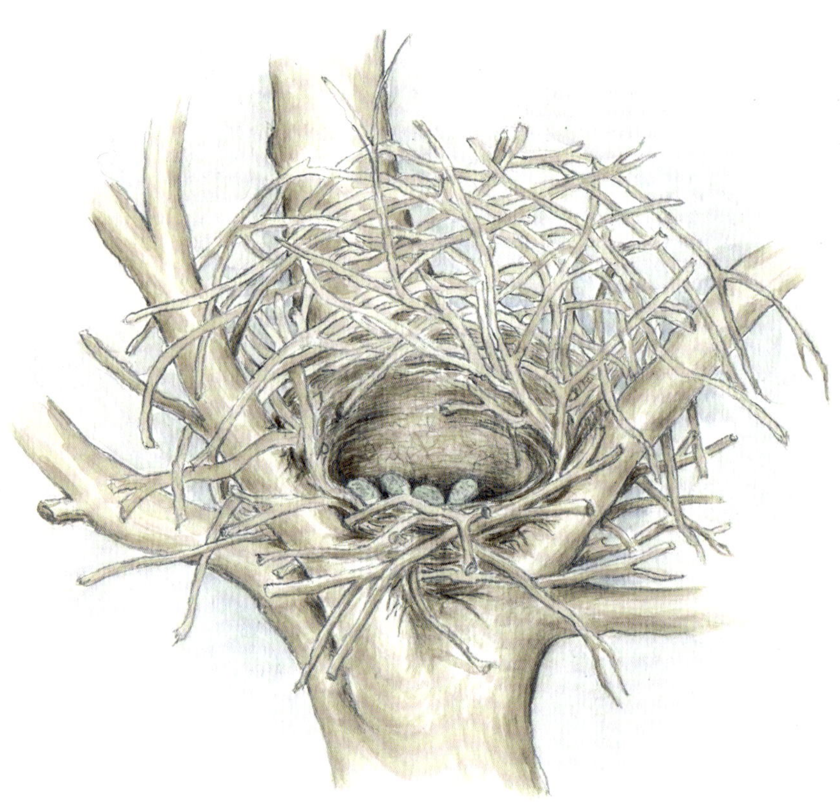

Das Kugelnest der Elster
ist von oben mit Reisig bedeckt.

Natürlicher Schutz für Singvögel

Es ist sehr menschlich, Vorgänge in der Natur in „gut" und „böse" zu unterscheiden. Eine nesträubernde Elster wird schnell als „böse" eingestuft, während man bei der eigenen Katze den gefangenen Vogel eher toleriert. Auch wenn beide nicht dazu beitragen, den Vogelbestand ernsthaft zu gefährden: Wer trotzdem etwas zum Schutz der Singvögel tun möchte, kann dies im Garten auf natürliche Weise tun. Im vogelfreundlichen Garten finden sich neben Futter auch Nistgelegenheiten, Verstecke und eine Wasserstelle zum Trinken und Baden. Die Deutsche Wildtierstiftung empfiehlt dornige Gewächse wie Wildrose, Himbeere und Brombeere im Garten, weil sie den Vögeln Schlaf-, Versteck- und Brutmöglichkeiten bieten und sie vor Katzen oder Elstern schützen. Hecken, zum Beispiel aus Hainbuchen, sind gut für kleine Grünflächen, denn sie brauchen weniger Platz als viele Gehölze. Wichtig ist aber, die Hecken so spät wie möglich zu schneiden, möglichst erst ab Juni und noch einmal im Herbst. Denn ansonsten stört man Buchfink, Heckenbraunelle oder Grasmücke beim Brüten. Triste Mauern können mithilfe von Kletterpflanzen in heimelige Brutplätze verwandelt werden. In Wildem Wein, Clematis oder Efeu brüten gern Amsel, Grünfink, Hänfling oder Haussperling.

Exoten wie Rhododendron oder Essigbaum werden den Bedürfnissen vieler heimischer Insektenarten nicht gerecht. Nach und nach sollten sie gegen heimische Pflanzen ausgetauscht werden. Die Verwandlung von sterilem Einheitsgrün in einen Naturgarten kann schrittweise erfolgen.

Ein Blick auf das Skelett zeigt: Fledermäuse fliegen mit den Händen.

Meisterin der Navigation

Die Stunde der Fledermaus beginnt, wenn es dunkel wird. In der Dämmerung an schönen Sommertagen lässt sie sich bei der Jagd auf Insekten im Garten beobachten.

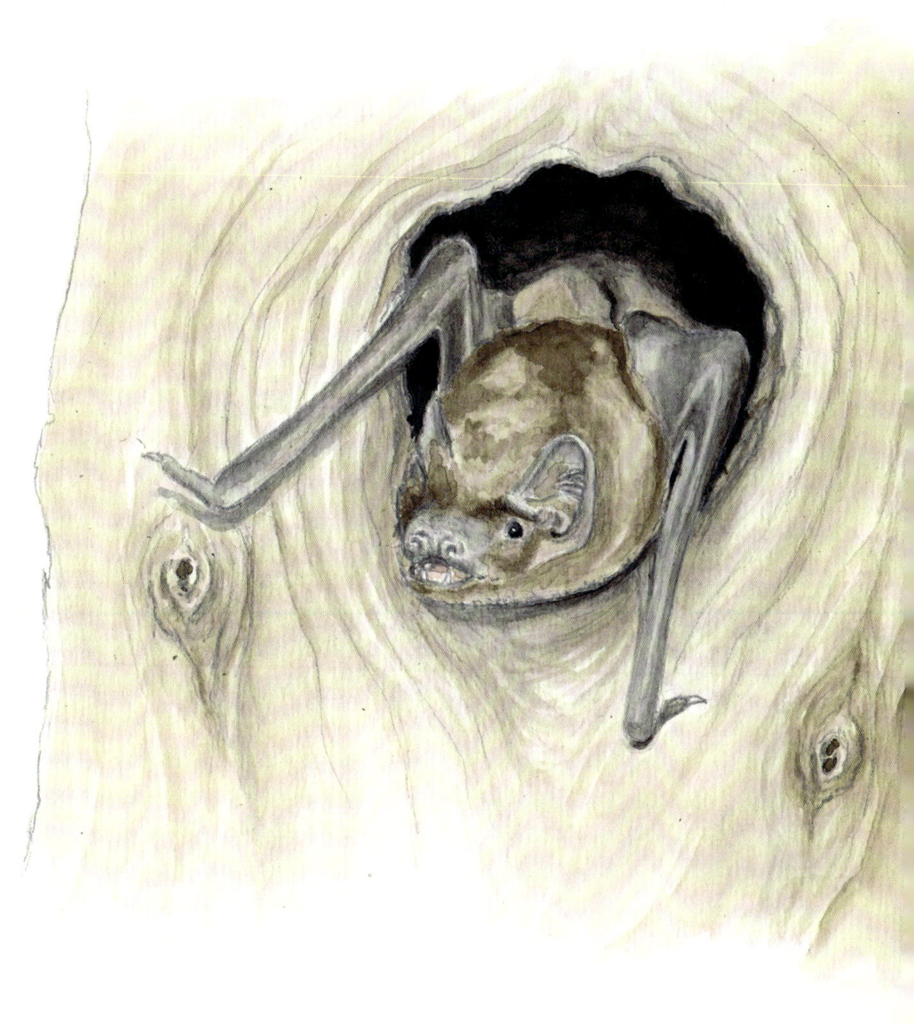

Eine Flugkünstlerin erwacht erst richtig zum Leben, wenn im Sommer die Sonne langsam hinter dem Horizont verschwindet und die Natur zur Ruhe kommt: die Fledermaus! Lautlos für uns Menschen spürt sie mit Ultraschallrufen ihre Beute auf. Mücken, Fliegen, Falter oder Käfer erfasst sie mit ihrer Echoortung haargenau.

20 Arten in Deutschland

Der Name „Fledermaus" ist aus dem Namen „Flattermaus" entstanden. Doch eine Maus ist sie nicht. Zu den nächsten Verwandten zählen Igel und Spitzmaus, die wie die Fledermaus zu den Insektenfressern gehören. Weltweit gibt es mehr als 1 000 Fledermausarten. Die meisten leben in den Tropen. Rund 70 Arten fressen Früchte und sind auf Süd- und Mittelamerika beschränkt. In Deutschland gibt es derzeit etwa 21 Fledermausarten. Die Fledermaus gehört zur Ordnung der **Fledertiere** *(Chiroptera)*. Wir unterscheiden zwei Familien. Zur „Dreizehenhufeisennase" gehören zwei Arten: die **Kleine Hufeisennase** *(Rhinolophus hipposideros)* und die **Große Hufeisennase** *(Rhinolophus ferrumequinum)*. Ihr Name stammt von der besonders geformten Nase, durch die sie ihre Ortungslaute abgibt. Beide Hufeisennasen sind extrem selten geworden. Alle anderen Arten, die wir in unseren Gärten oder im Wald beobachten können, gehören zur Familie der Glattnasen. Sie stoßen die Ultraschallrufe durch das Maul aus.

Die mit den Händen fliegt

Mit den Flughunden, ihren Verwandten aus Afrika, Asien und Australien, sind Fledermäuse die einzigen Säugetiere, die fliegen. Sie sind sehr geschickt und können Geschwindigkeiten von bis zu 50 km/h erreichen. Ihre Brustmuskulatur ist stark ausgeprägt. Fledermäuse fliegen mit ihren Händen. Die Finger sind um ein Vielfaches länger als die Arme. Zwischen Armen, Fingern und

Beinen tragen sie Flughäute, die als Hand-, Arm- und Schwanzflughaut bezeichnet werden. Der Daumen ist wie eine Kralle rund gebogen. Damit klettern die Tiere an Bäumen oder an rauen Felswänden entlang. Fledermäuse können sich auch am Boden fortbewegen, doch wegen ihrer behindernden Flughäute sind sie nicht besonders geschickt. Die Flughäute sind bei der Fortbewegung am Boden zusammengeklappt, die Tiere bewegen sich auf den Handgelenken.

Sie „sieht" mit den Ohren

Die Fledermaus hat sich mit ihrer nächtlichen Jagd auf Insekten eine ökologische Nische erschlossen. Suchen tagsüber die Vögel dieselbe Nahrung, macht nachts dem Flattertier niemand Konkurrenz. Damit die flinke Jägerin in der Dunkelheit ihre Beute findet und im Wald oder zwischen Gebäuden sicher manövrieren kann, nutzt sie ihre Echoortung: Im Flug stößt sie permanent Ultraschall-Laute aus. Diese für das menschliche Ohr kaum zu hörenden Töne mit einer Frequenz von 30 000 bis 60 000 Hertz bildet das Tier im Kehlkopf mit seinen Stimmbändern. Wie beim Echolot auf Schiffen, erzeugen die sehr hohen Töne ein Echo, wenn sie auf Objekte oder Beute treffen. Wenn der Schall auf einen Gegenstand trifft, wird er reflektiert und kehrt wie ein Echo zur Fledermaus zurück. Das Tier nimmt das Echo mit beiden Ohren auf und wertet die Informationen blitzschnell mit dem Zentralnervensystem aus. Daher hat die Fledermaus in der Regel sehr große Ohren. Ist die Fledermaus auf Suchflug, stößt sie etwa zwei bis drei Signale pro Sekunde aus. Hat sie eine Beute ausgemacht und will genauere Information über seine Bewegung haben, erhöht sie die Zahl der Signale auf bis zu 200 pro Sekunde. Das Gehirn der Fledermaus kann die zurückkommenden Echos analysieren und zu einem dreidimensionalen Bild zusammensetzen. Das funktioniert ähnlich wie unser Sehen. Hierbei setzt auch erst das Gehirn die durchs Auge fallenden Lichtreize zu einem Bild zusammen. Je länger das Echo für die Rückkehr braucht, desto weiter ist das Objekt entfernt. Anhand der Lautstärke des zurückkommenden Signals kann die Fledermaus die Entfernung und Größe des Objektes abschätzen. Größere oder nahe Hindernisse erzeugen ein lauteres Echo. Mithilfe des Klangbildes erkennt die Fledermaus auch Oberflächenstrukturen und kann beispielsweise Baumrinde vom Chitinpanzer der Insekten unterscheiden. Das Echolotsystem ist so genau, dass die Fledermaus damit Gegenstände von der Dicke eines menschlichen Haares oder Drähte erkennt.

Angepasste Beute

Die Beute ist aber nicht immer wehrlos. Einige Mottenarten haben entsprechende Hörorgane, mit denen sie die Jagdlaute der Fledermäuse bemerken. Wenn sie die Ultraschalltöne hören, versuchen sie mit Zickzackflügen und schnellen Wendungen dem Jäger zu entkommen. Andere Motten können sogar eigene Signale ausstoßen, die die Fledermaus hört. Das ist eine akustische Warnfarbe. Motten zeigen der Fledermaus damit, dass sie ungenießbar sind. In der Tat gibt es einige Schmetterlinge, die weniger gut schmecken oder sogar giftig sind. Daher lässt die Jägerin von dieser Beute ab, wenn sie entsprechende Laute ausstößt.

Flügel als Kescher

Da die meisten Arten die Ortungslaute durch das Maul ausstoßen, können sie damit nicht gleichzeitig Insekten schnappen. Daher fangen sie ihre Beute überwiegend mit ihren Flügeln wie mit einem Kescher und führen sie im Flug blitzschnell zum Maul. Das ist auch effizienter als der Fang mit dem Maul. Eine Fledermaus jagt in der Nacht bis zu 4000 Mücken oder andere Insekten. Die Zahl der Beutetiere hängt von deren Größe und dem saisonal stark schwankenden Nahrungsbedarf ab. Das Weibchen braucht beispielsweise ein Mehrfaches der Nahrung von Männchen. So kommt etwa das

Mausohrweibchen während der Säugezeit mit über 50 % „Zuladung", bezogen auf das eigene Körpergewicht, morgens ins Quartier zurück, haben Wissenschaftler festgestellt. Es braucht in dieser Zeit viel Energie, um seine Kleinen säugen zu können. Für den Jagderfolg muss die Beutedichte aber entsprechend hoch sein. Da Insekten nur bei warmem und trockenem Wetter fliegen, ist auch die Fledermaus auf eine gewisse Wärme angewiesen. Sie könnte zwar auch an kalten Tagen fliegen. Aber dann findet sie weniger Beute, sodass sie ihren Flugbetrieb reduziert. In Schlechtwetterphasen fällt auch das Weibchen vorübergehend in Lethargie und lässt die Körpertemperatur auf die der Umgebung absinken.

Sechs Monate Winterschlaf

Im Winter, wenn keine Insekten mehr zu finden sind, sucht die Fledermaus Orte auf, in denen die Temperatur möglichst gleich bleibt, also Stollen, Keller oder winddichte Dachräume. Es gibt einige Arten, die im Herbst in Richtung Winterquartier wandern. Die meisten sind aber sehr standorttreu. Manche Fledermausarten wandern ihrer Nahrung hinterher. Dies gilt besonders für den Großen Abendsegler, der bis zu 1000 km nach Süden zieht. Denn in Süddeutschland, in der Schweiz und in Österreich beispielsweise beginnt das Frühjahr einige Wochen früher und der Herbst später als in Schleswig-Holstein. Der Aktionsraum bei den meisten anderen Arten liegt dagegen unter 200 km. Der Winterschlaf kann bis zu sechs Monate dauern. Das Tier fährt die Körpertemperatur extrem herunter und lebt in dieser Zeit nur von seinen körpereigenen Fettreserven. Diese „Sparschaltung" könnte auch ein Grund für das relativ lange Leben von Fledermäusen sein. Sie werden zwischen zwölf und 15 Jahre alt, einige sogar bis zu 30 Jahre. Gleich große Mäuse dagegen werden kaum älter als eineinhalb Jahre. Tendenziell lässt sich feststellen, dass Tiere mit Winterschlaf länger leben als diejenigen, die im Winter nicht abschalten, haben Wildbiologen festgestellt.

Zehenkrallen als Haken

Sowohl beim Winter- als auch beim täglichen Schlaf hängt sich die Fledermaus kopfüber an rauen Oberflächen auf, bevorzugt an der Decke. Wo Platz ist, können mehrere Hundert Tiere hängen. Der Kopf ist bei dieser Haltung meistens von den zusammengeklappten Flügeln bedeckt. Quartiere können ehemalige Spechthöhlen, hohle Bäume, Kirchen- oder Speicherböden sein. Zum Aufhängen nutzt die Fledermaus ihre Zehenkrallen. Diese bohren sich wie ein Haken in winzige Löcher und klappen dann nach vorn. Das eigene Körpergewicht sorgt dafür, dass dieser „Haken" fest arretiert. Dadurch hängt das Tier „passiv", es kann so den Tag oder auch den Winter verschlafen. Die Fledermaus hat viele Feinde wie Eulen, Marder oder Hauskatzen. Das Aufhängen an Decken bietet einen gewissen Schutz. Droht Gefahr, lässt sie sich von ihrem luftigen Schlafplatz fallen und fliegt sofort los.

In der Wochenstube

Wie die Rehe paaren sich die Fledermäuse im Herbst. Die Befruchtung des Eies und das Wachsen des Embryos dagegen erfolgt nach dem Winterschlaf im Frühjahr. Fledermäuse haben in dieser Zeit einen hohen Energiebedarf, um sich und das heranwachsende Junge zu ernähren. Alle einheimischen Fledermäuse bilden bis etwa Mitte Mai sogenannte Wochenstubengesellschaften. Diese befinden sich in Häusern, Baumhöhlen etc. Da Fledermäuse sehr standorttreu sind, sucht jedes Weibchen möglichst immer „seinen" Weibchenverband in demselben Quartier auf. Die Männchen kümmern sich nicht um den Nachwuchs. In der Wochenstube hängen die Weibchen zu Hunderten in Höhlen und wärmen sich gegenseitig. Die Weibchen der meisten Arten bekommen nur ein Junges, manchmal auch Zwillinge. Für die Geburt sucht sich das Muttertier einen ruhigen Ort. Das Junge gleitet sanft in die Schwanzflughaut seiner Mutter, die zu einer Art Tasche umgeformt ist. Gesichert ist es nur durch die Nabelschnur. Das Neugeborene krabbelt anschließend am Bauchfell der Mutter hoch in Richtung der Zitzen. Anschließend fliegen beide in die Wochenstube zurück, wo sich die Mutter wieder an die Decke hängt. In den ersten Tagen jagt das Weibchen nachts mit dem Kleinen. Dieses hält sich mit den Füßen, der Daumenkralle und den Vorderzähnen an der Mutter fest. Nach etwa drei Wochen bleibt es in der Wochenstube allein zurück, indem es sich wie die Alttiere kopfüber aufhängt. Die Jungen sind in der Regel in vier bis fünf Wochen flügge und die Wochenstubengesellschaft löst sich auf.

Fledermäuse beobachten

Trotz ihres nächtlichen Lebens lässt sich die Fledermaus gut beobachten. Für einen Laien ist es nahezu unmöglich, die Arten zu bestimmen, die in der Dämmerung wie ein Schatten vorüberhuschen. Da jedoch jede Art ihren Jagdraum hat, in dem sie bevorzugt auf Beutefang geht, sind Rückschlüsse möglich. Mit den unterschiedlichen Jagdräumen vermeiden die Fledermäuse Konkurrenz. Als erstes taucht etwa eine Viertelstunde nach Sonnenuntergang der **Große Abendsegler** *(Nyctalus noctula)* auf. Er jagt oberhalb der Baumkronen in bis zu 50 m Höhe nach Insekten. Mit 8,5 cm Körperlänge gehört er zu den größten Fledermäusen bei uns, genauso wie das Große **Mausohr** *(Myotis myotis)*. Es jagt in 5 bis 10 m Höhe. Rund um Stall, Scheune oder Wohngebäude fliegt abends in 1 bis 10 m Höhe die **Langohrfledermaus** *(Plecotus auritus)*. Sie kann auch wie ein Turmfalke auf der Stelle fliegen und „rüttelnd" Raupen, Spinnen oder Käfer von Bäumen und Büschen sammeln. Wenn die Dämmerung bereits weiter fortgeschritten ist und keine Farben mehr erkennbar sind, lässt sich die **Zwergfledermaus** *(Pipistrellus pipistrellus)* blicken. Sie jagt im schnellen Zickzackkurs in 3 bis 5 m Höhe im Garten oder am Rand von Siedlungen überall dort, wo Insektenansammlungen sind, also an Hauswänden, an Sträuchern und Stauden oder an Straßenlampen. Der Winzling ist knapp 4 cm lang und zählt zu den kleinsten Säugetieren überhaupt. Am Rande von Siedlungen und in Gärten lässt sich die **Breitflügelfledermaus** *(Eptesicus serotinus)* gut beobachten. Sie ist so groß wie der Abendsegler, hat aber ein völlig anderes Flugverhalten. Sie jagt in 4 bis 6 m Höhe, hat einen geradlinigen Flug und taucht nur ab und zu nach oben oder unten ab. Die Art sammelt gern Insekten, die vom Licht der Straßenlaternen angezogen werden, also vor allem Nachtfalter und Käfer. Sie gilt als typische Hausfledermaus.

Jagd über dem Wasser

Auch die **Wasserfledermaus** *(Myotis daubentonii)* kommt relativ häufig vor. Sie jagt bevorzugt in bis zu 1 m Höhe über Gewässern. Über einem insektenreichen See kann man ohne Weiteres manchmal mehr als 20 Wasserfledermäuse auf einmal beobachten. Die Art erscheint etwa eine halbe Stunde nach Sonnenuntergang und ist mit bloßem Auge sichtbar, wenn die Nacht hell ist oder ein See am Dorfrand vom Schein der Lampe angeleuchtet wird. Eine stärkere Taschenlampe, die mit einer Rotlichtfolie abgeklebt sein sollte, kann bei der Suche nach dieser Art helfen. Die Wasserfledermaus fischt Insekten von der Wasseroberfläche mit Flughäuten, die sie zu einer Schüssel formt. Seltener benutzt sie auch die Fußkrallen. Sie frisst auf diese Art ungefähr 4 000 Mücken pro Nacht – das entspricht einem Drittel bis der Hälfte ihres eigenen Körpergewichts. Einige Arten leben dagegen gern im Wald. Dazu zählt die selten gewordene **Bechsteinfledermaus** *(Myotis bechsteinii)*. Als echte Waldart lebt sie in größeren oder kleineren möglichst feuchten Eichen-Buchenwäldern. Anders als viele ihrer Kolleginnen, jagt sie nicht nur fliegende Insekten, sondern sammelt ihre Beute auch von Blättern und von der Baumrinde ab. Langohrfledermäuse sammeln ebenso Insekten von Blättern. Sie bevorzugen größere Nachtfalter. Die Langohren jagen ebenfalls im Wald, aber auch in Gärten oder in der Nähe von Scheunen und Wohngebäuden. Sie fliegen deutlich langsamer als andere Arten.

Naturnaher Garten und offene Fenster

Fledermäuse gehören zu den am meisten gefährdeten Säugetieren in Europa, einige Arten sind sogar vom Aussterben bedroht. Die insektenfressenden „Nachtschwärmer" profitieren von einem naturnahen Garten mit hohem Insektenreichtum. Das Vorkommen von Fledermäusen ist daher laut Deutscher Wildtierstiftung ein Zeichen für eine weitgehend intakte Natur. Zudem helfen die Insektenfresser dem Gärtner: Sie dezimieren Pflaumen- und Apfelwickler, Falter, Stechmücken, Schmeißfliegen und Motten. Die insektenarme Zeit überdauern die kleinen Flugakrobaten in störungsarmen, feuchten, frostfreien unterirdischen Kellern und Gewölben. Auch hier kann jeder etwas tun: Offene Kellerfenster mit freiem Anflug gewähren den Tieren Einlass in den Keller und Spalten im Mauerwerk Plätze für die Überwinterung. Ruhe im Quartier ist Voraussetzung dafür, dass die Tiere nicht gestört werden und durch das Erwachen wertvolle Energie verbrauchen.

Vampire und Dämonen

Von jeher hat das nächtliche und zurückgezogene Leben der Fledermäuse und ihre Vorliebe für Keller, Höhlen oder Grabkammern die Fantasie der Menschen angeregt. Die Tiere galten überwiegend als böse Dämonen. Nicht selten trägt der Teufel in früheren Darstellungen Fledermausflügel.

Häufig haben sie auch den Ruf, Blut zu saugen. Doch nur drei südamerikanische Arten sind sogenannte Vampire. Die bekannteste Art, der **Gemeine Vampir** *(Desmodus rotundus)*, ernährt sich vor allem vom Blut großer Säuger, während der **Kammzahnvampir** *(Diphylla ecaudata)* ausschließlich von Vogelblut lebt. Vampire saugen jedoch kein Blut im eigentlichen Sinne, sondern beißen mit ihren messerscharfen Zähnen ein winziges Stück Haut von Weidetieren heraus und lecken anschließend das Blut auf. Der Blutverlust ist dabei weniger gefährlich als übertragene Krankheiten.

Brummende Wespenjägerin

Hornissen sind die größten Wespen. Sie fallen mit ihrem markanten Flugton und den rötlichen Flecken sofort auf. Es gibt viele Horrorgeschichten über die Wespenjäger – völlig zu Unrecht.

Ein Gebilde aus Papier kann man nicht selten im Sommer aus einem Vogelnistkasten oder anderen hohlen Gegenständen plötzlich wachsen sehen: das Nest von Hornissen. Die **Hornisse** *(Vespa crabro)* zählt wie die Deutsche und Gemeine Wespe zu den Faltenwespen, ist aber deutlich größer als diese: Die Königin wird bis zu 4 cm lang. Sie ist nicht wie die Wespen gelb-schwarz gestreift, sondern hat zusätzlich am Kopf und der Brust rotbraune Stellen. Außerdem ist sie an dem tiefen Brummton beim Fliegen leicht zu erkennen. Anders als ihr bedrohliches Aussehen glauben lässt, ist die Hornisse keineswegs angriffslustig. Der NABU bezeichnet sie daher als „friedlichen Brummer mit Appetit auf Wespen". Sie gilt als Falke unter den Insekten. Denn sie fängt Wespen, Fliegen oder Motten meist im Flug, zerlegt die Beute in Sekunden und trägt meist nur deren Brust und Hinterleib in das Nest als proteinreiche Nahrung für die Brut. Ein starkes Hornissenvolk kann am Tag etwa 500 g Insekten an seine Brut verfüttern. Neben Wespen und Fliegen sammelt die Hornisse weitere Schädlinge wie die Raupen des **Eichenwicklers** *(Tortrix viridana)* oder der **Gemeinen Kiefernbuschhornblattwespe** *(Diprion pini)* von befallenen Bäumen ab und macht sich damit auch im Forstschutz nützlich. Zwar fängt sie auch Honigbienen, aber Untersuchungen zeigen, dass ein Bienenvolk davon nicht gefährdet wird. Bei der Jagd tötet die Hornisse ihr Opfer durch Bisse ihrer starken Mundwerkzeuge, der Mandibeln. Nur bei sehr schwierigen Auseinandersetzungen setzt sie zum Töten auch den Giftstachel ein. Im Gegenzug kann es passieren, dass sich eine Wespe wehrt und die Hornisse sticht. Diese ist dann vorübergehend gelähmt.

Nest aus Papier

Wie das Wespen- besteht das Hornissennest aus Papier. Als Baumaterial verwenden die Arbeiterinnen morsches Holz, das sie abraspeln, zerkauen und mit ihrem Speichel zu einem Brei verarbeiten. Mit ihrem Speichel kleben sie die neue Schicht an die bestehenden Waben an. Da unterschiedliche Nestbauerinnen mit uneinheitlichem Baumaterial daran beteiligt sind, entsteht die leichte Maserung des Papiers. Mit bloßem Auge sind die Streifen zu erkennen, die unterschiedlich gefärbt sind und anzeigen, dass das Holz von mehreren Quellen stammt. Die Hornisse legte ihr Nest ursprünglich in hohlen Bäumen an. Da diese heute kaum noch zu finden sind, nutzt sie auch gern Vogelnistkästen, Dachböden oder Schuppen. Die Größe des Nestes hängt davon ab, wie viel Platz es dafür gibt. Es besteht maximal aus fünf Waben mit bis zu 1500 Zellen, in denen 200 bis 300 Arbeiterinnen und ebenso viele Männchen leben. Das Nest ist an der Schutzhülle zu erkennen, die aus mehreren Schichten besteht und von Hohlräumen durchzogen ist. Es ist rotbraun gefärbt. Wenn der Platz knapp wird, zieht das Volk kurzerhand um und baut ein neues Nest – eine Besonderheit dieser Insektenart. Aus diesem Grund kann es passieren, dass plötzlich mitten im Sommer ein neues Hornissennest irgendwo im Garten oder in einem Schuppen entsteht. Nach dem Winter baut die Königin zunächst ein kleines Nest und legt ihre Eier. Die ersten Larven schlüpfen nach zehn Tagen. Nach etwa sieben Wochen sind die ersten Arbeiterinnen da, die den weiteren Bau übernehmen. Die Entwicklungszeit reduziert sich daraufhin auf vier Wochen, da die Temperatur im Brutnest aufgrund der Isolierung und der wachsenden Zahl der Tiere steigt. Ab der Zeit widmet sich die Königin nur noch der Eiablage. Sie wird von den Arbeiterinnen ernährt. Diese übernehmen Aufgaben wie Nestbau, Nestkontrolle, Larvenpflege, Temperaturregulation und Nahrungssuche. Die Zellen der oberen Waben sind kleiner. Dort wachsen die Arbeiterinnen heran. Nach ihrem Schlüpfen werden die Zellen erneut belegt. In den unteren, deutlich größeren Zellen wachsen die neuen Königinnen und die Männchen heran. Ende Oktober bricht der Staat dann komplett zusammen, der Jahreszyklus endet. Dann stirbt die Königin zusammen mit den Arbeiterinnen und den Männchen. Nur die begatteten Jungköniginnen überwintern.

Mythos Hornissenstich

Immer wieder hört man den Aberglauben, dass drei Hornissenstiche einen Menschen und sieben ein Pferd töten könnten. Aber das ist ein Märchen. Zum einen sind Hornissenstiche selten, da die Tiere eher als friedlich und berechenbar gelten. Pharmakologische Untersuchungen beweisen zum anderen, dass das Hornissengift nicht toxischer ist als das von Bienen. Eine Ausnahme bilden nur allergische Menschen, die einen anaphylaktischen Schock erleiden können. Dabei reagiert der Körper nicht auf das Gift an sich, sondern auf das fremde Eiweiß.

Nur selten stechen die Insekten, z. B. wenn man in die Einflugschneise zum Nest gerät. Wespen und Hornissen geben pro Stich nur wenig Gift ab. Die Verteidigung des Nestes ist auch nur ein Grund für einen Stich. Viel häufiger stechen sie Rivalinnen im Kampf oder Beutetiere. Bienen dagegen stechen vor allem, um ihr Nest zu verteidigen. Denn Honig ist eine willkommene Beute für Jäger. Damit möglichst viel Gift an den Angreifer abgegeben wird, reißt der Stachel ab und bleibt in der Haut stecken. „Der Stechapparat der Biene ist für den Einsatz gegen Wirbeltiere perfektioniert, derjenige der Wespen und Hornissen dagegen für die Insektenjagd", heißt es auf der Seite www.hornissenschutz.de

Stachelritter im Unterholz

Der Igel ist in vielen Gärten zu Hause. Er jagt Insekten und Schnecken. Gegen die meisten Feinde hilft der Stachelpanzer – aber nicht gegen alle.

Tipp: Auf der Nahrungssuche durchstreift der Igel große Gebiete und braucht daher freien Zugang: Ideal sind Hecken und Lattenzäune, Mauern sollten Öffnungen zum Durchschlüpfen haben. In Drahtzäunen hingegen kann sich das Tier verfangen.

Wenn es im Sommer abends im Gebüsch raschelt, schnauft, grunzt und fiept, ist meistens ein Igel zu Besuch. Der offizielle Name ist **„Braunbrustigel"** *(Erinaceus europaeus)*. Sein Bruder, der **Nördliche Weißbrustigel** *(Erinaceus roumanicus)*, ist sehr selten und kommt nur in wenigen Gebieten Ostdeutschlands vor. Der Igel ist ein typischer Insektenfresser und damit nahe verwandt mit Spitzmäusen, Fledermäusen und Maulwürfen. Sein Hauptsinnesorgan ist die rüsselartige Nase. Er frisst auch Regenwürmer, Ohrwürmer, Käfer, Kellerasseln und Schnecken, was so manchen Gartenbesitzer besonders freut. Wenn er einen heruntergefallenen Apfel verspeist, hat er es eigentlich auf die Maden und Würmer darin abgesehen. Bei Gelegenheit räubert er Mäusenester und verschmäht ebenso wenig Eier oder unbeholfene Jungvögel. Selbst Kreuzottern kann der kleine Stachelritter bewältigen. Der ausgesprochene Kulturfolger zieht manchmal auch in Schuppen, Stallungen oder Brennholzstapeln ein und lernt schnell, aus Schälchen zu fressen, die für ihn oder Katzen offen herumstehen. Das maximal 1500 g schwere und 30 cm lange Tier kann bis zu sieben Jahre alt werden.

Muskulöse Stachelhaut

Typisch für den Igel sind seine Stacheln, die er zur Verteidigung einsetzt. Sie bestehen aus verhornten Haaren. Ein erwachsenes Tier kann 6000 bis 8000 Stacheln haben. Sie sind von beige bis braun gefärbt, sodass das Tier damit im Laub gut getarnt ist. Alle Stacheln sind mit eigenen Muskeln ausgestattet. Normalerweise liegen sie locker und glatt in Richtung Schwanz am Körper an. Rollt sich der Igel zur Verteidigung ein, müssen zahlreiche Muskeln des kräftigen Rückens zusammenspielen. Dann richtet der Igel seine Stacheln auf. Gleichzeitig werden automatisch Kopf und Beine tief unter die Kugelhaube gezogen. Das soll den Igel nicht nur vor Feinden, sondern auch vor Kälte schützen. Beides ist gerade beim Winterschlaf gefragt.

Nicht gerade leise

Die Deutsche Wildtierstiftung beschreibt den Igel als sehr geräuschvoll. Das dämmerungs- und nachtaktive Tier gibt sich keine Mühe, leise zu sein. Bei der Nahrungssuche raschelt es durchs Unterholz und schmatzt beim Fressen laut. Genauso kann man den Igel beim Knacken von Schneckenhäusern oder Insektenpanzern hören. Am lautesten ist er jedoch, wenn er auf Artgenossen trifft. Denn das ist für das einzelgängerisch lebende Tier schon eine Besonderheit. Kommt es zum Streit oder zum Liebesspiel von Männchen und Weibchen, keckern, grunzen, fauchen und kreischen sie. Jeder Igel hat zwar sein eigenes Revier, verteidigt es aber höchst ungern. Eher geht er einem Streit aus dem Weg. Kommt es doch zum Kampf, versuchen die Männchen, sich einander mit den gesträubten Stirnstacheln zu unterlaufen und hochzuheben. Dann beißen sie in die ungedeckte Schulter, wobei oft Blut fließt.

Großes Schlafbedürfnis

Tagsüber schläft der Igel in einem selbst gebauten Nest, in dem er ab Mitte November auch den Winterschlaf hält. Für diesen frisst er sich im Herbst eine Speckschicht an und sucht sich dann ein geschütztes Plätzchen, wie z. B. einen Laubhaufen. Erwachsene Igelmännchen beginnen damit bereits etwa ab Ende Oktober, gefolgt von den Igelweibchen und etwas später von den Jungigeln. Ein Igelnest für den Winterschlaf besteht aus Moos, Laub oder Heu. Bei der Arbeit im Herbst sollten Gartenbesitzer deshalb behutsam sein, um bereits bestehende Igelnester nicht zu zerstören oder umzusetzen. Der etwa viermonatige Winterschlaf ist eine Überlebensstrategie wie bei Fledermäusen oder anderen Insektenfressen, um die Zeit mit wenig Nahrung zu überstehen. Dabei werden Atmung, Herzschlag und Körpertemperatur auf bis zu 6 °C reduziert, um möglichst wenig Energie zu verbrauchen. Wacht der Igel im Frühjahr bei steigenden Temperaturen auf, braucht er bis zu zwölf Stunden, um wieder voll „da“ zu sein.

Mit Beginn des Frühlings setzt die Paarungszeit ein. Das Weibchen trägt ca. 40 Tage und wirft dann im Mai etwa sieben Junge. Der Igelvater wird schon vor ihrer Geburt aus der Nähe des Nestes vertrieben. Auch die Jungigel haben Stacheln. Allerdings sind sie noch weich, damit sie die Mutter bei der Geburt nicht verletzen. Diese Geburtsstacheln werden durch die Jugendstacheln abgelöst, die etwa halb so lang sind wie die Stacheln im Alterskleid. Nach sechs Wochen folgen die etwa 3 cm langen Erwachsenenstachel.

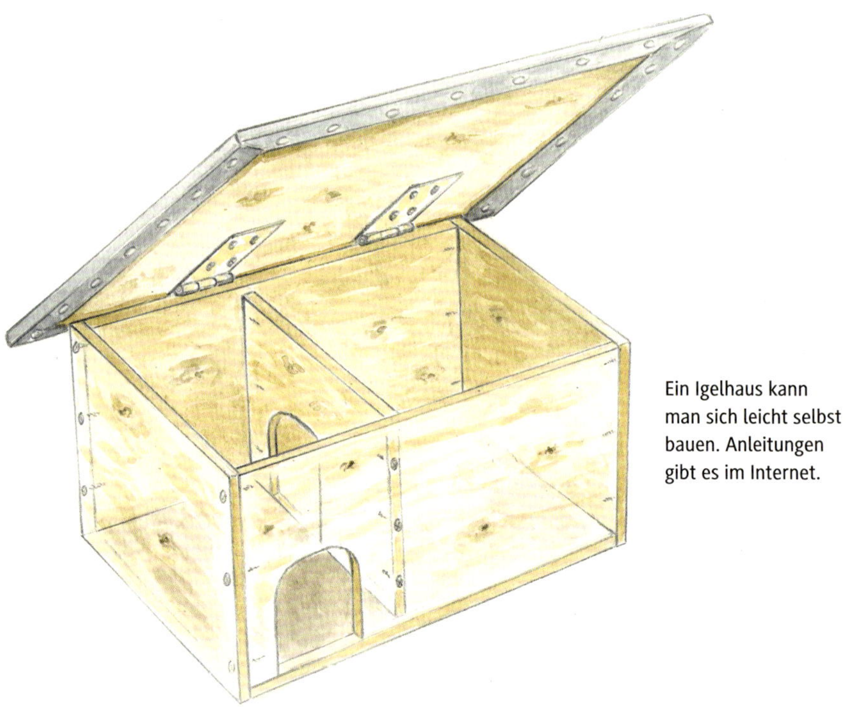

Ein Igelhaus kann man sich leicht selbst bauen. Anleitungen gibt es im Internet.

Igel brauchen Schutz

Der englische Name „Hedgehog" (deutsch: Heckenschwein) beschreibt sehr gut den natürlichen Lebensraum des Igels. Denn in Hecken findet er sowohl einen Nestplatz als auch Versteckmöglichkeiten. Zudem sind Sträucher, wildwuchernde Ranken und Laubhaufen ideal für ihn. Als schädlich beschreibt die Deutsche Wildtierstiftung gut gepflegtes Einheitsgrün genauso wie chemische Gifte gegen Schnecken (z. B. Schneckenkorn) und andere vermeintliche Schädlinge im Garten. Denn der Igel frisst sowohl das Gift selbst als auch die vergifteten Tiere.

Ein igelfreundlicher Garten sollte Unterschlupfmöglichkeiten wie Büsche, dichte Hecken aus heimischen Gehölzen, Laub- und Reisighaufen, Hohlräume unter Holzstapeln, Schuppen oder Steinhaufen aufweisen. Dort kann sich der Igel ein warmes Nest bauen. Darüber hinaus sorgen Komposterde, Rindenmulch und Gesteinsmehl für ein reicheres Insekten- und Bodenleben. Das hilft vielen Säugetierarten, auch dem Igel.

Dem Igel kann man über den Winter helfen. Er sollte vor Beginn des Winterschlafs mindestens 800 g wiegen. Tipps für den Umgang mit zu schwachen Exemplaren geben u. a. die Internetseiten www.sielmann-stiftung.de oder www.igel-notnetz.net. Genauso kann man Igelhäuser kaufen oder selbst bauen und an einer geeigneten Stelle im Garten aufstellen.

„Wichtiger als alle gutgemeinten Überwinterungs-Hilfsaktionen sind geeignete Lebensbedingungen", schreiben Horst Stern und seine Coautoren in „Rettet die Wildtiere".

Auch der Klimawandel setzt dem Igel zu, wie die Sielmann-Stiftung schreibt: „Wird es zwischen November und Februar zu warm, wachen die Winterschläfer zu früh auf und verlieren bei der Nahrungssuche zu viel Energie."

Eine weitere Gefahr sind nachts arbeitende Mähroboter, die vor allem kleine Igel verletzen können. Denn viele Geräte erkennen kleine, sich bewegende Tiere nicht als Hindernis. Igel wiederum nehmen die fast geräuschlosen Geräte nicht als Gefahr wahr und kugeln sich eher ein, anstatt wegzulaufen.

Das gleiche betrifft Motorsensen und Laubsauger. Vor dem Einsatz von Motorsensen, soweit er denn absolut nötig ist, sollten Hecken, Holzstapel oder Reisighaufen nach Igeln abgesucht werden. Ebenso vorsichtig sein sollten Gartenbesitzer beim Umsetzen von Laub- oder Reisighaufen.

Der größte Feind des Igels ist jedoch das Auto: Jährlich fallen laut Schätzungen eine halbe Millionen Igel dem Straßenverkehr zum Opfer.

Tipp: Treten Kellerasseln vermehrt im Haus auf, ist das ein Anzeichen von Feuchtigkeit, verursacht durch falsches Lüften oder – im schlimmsten Fall – durch nasse Wände.

Ein Leben unter Steinen

Unter Pflastersteinen, Terrassenplatten oder im morschen Holz findet man häufig ein silbrig-graues Gewusel aus den vielbeinigen Asseln. Im Haus werden sie häufig als schädlich angesehen, dabei sind sie harmlos und für das Ökosystem ungemein wichtig.

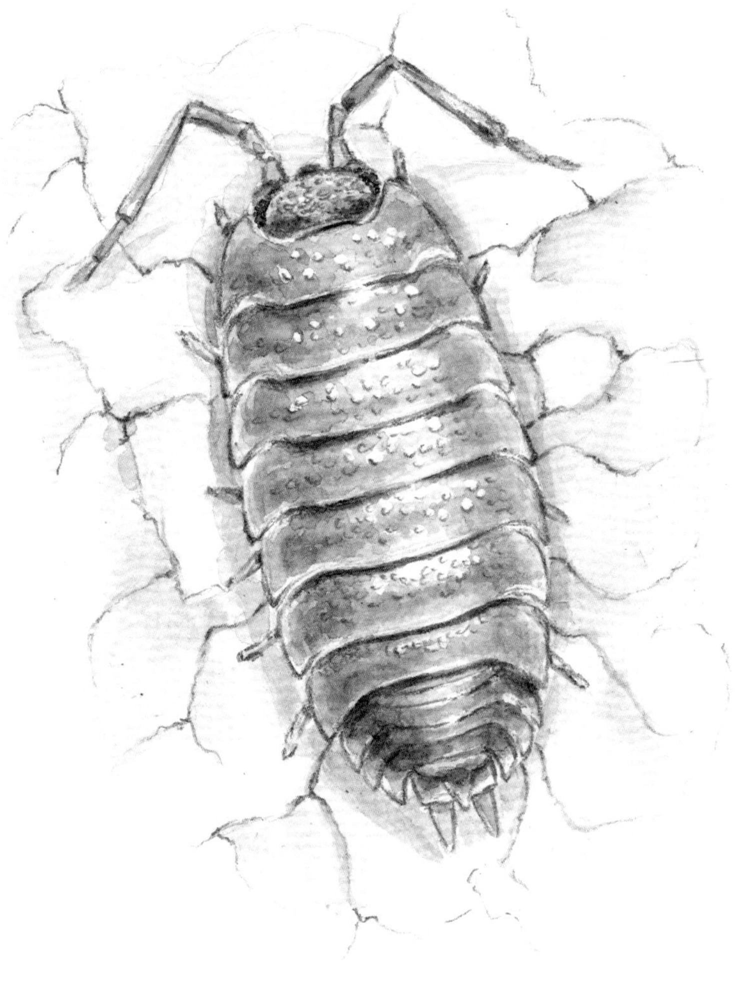

Wer im Sommer auf der Terrasse einen Stein oder eine Platte anhebt oder im Winter ein Stück feuchtes Brennholz aus dem Holzschuppen fischt, stößt unweigerlich auf ein ganzes Heer an kleinen, grauen Tierchen: die Kellerasseln. Ein bis 12 mm langer, ovaler Körper sowie ein grauer bis graubrauner, gegliederter Rückenpanzer sind die typischen Merkmale der *Porcellio scaber*. Übersetzt bedeutet der lateinische Name in etwa „unsauberes Schweinchen". Vielleicht ist das ein Hinweis auf die Lebensform dieser zu den Krebstieren gehörenden Art: Kellerasseln mögen es eher feucht und dunkel und verkriechen sich gern unter Gegenständen.

Es muss nicht immer die Kellerassel sein

Ist die Assel dagegen etwa 18 mm lang und dunkelgrau bis schwarzbraun gefärbt mit hellen Flecken auf dem Panzer, handelt es sich um die **Mauerassel** *(Oniscus asselus)*. Auch sie kommt gelegentlich in Gebäuden vor. Des Weiteren gibt es noch die **Kugel- oder Rollassel** *(Armadillidium vulgare)*. Die Männchen sind bei dieser Art einheitlich braun-, schwarz- oder blaugrau gefärbt, weibliche Tiere haben in der Regel zusätzlich hellere Flecken auf dem Panzer. Wie der Name sagt, können sie sich bei Gefahr zu einer Kugel einrollen.

Vom Wasser aufs Land

Die Kellerassel gehört zu den Krebstieren und nicht, wie man meinen könnte, zu den Insekten. Denn diese haben immer sechs Beine, die Kellerassel dagegen 14, also sieben auf jeder Seite. Die meisten **Asseln** *(Isopoda)* leben im Wasser. Nur wenige Arten, darunter die Kellerassel, leben an Land. Sie atmen jedoch wie Wasserbewohner teilweise noch durch Kiemen, die sich an den Beinen befinden. Einen Teil des Sauerstoffs erhalten sie auch durch die Lunge. Einen eigentlichen Kopf hat die Assel nicht, er ist mit dem ersten Brustbeinsegment verschmolzen. Daran befinden sich zwei Fühlerpaare. Die Kellerassel kann weder beißen noch stechen. Ihr Körper ist gegen Austrocknung sehr empfindlich: Anders als bei Insekten, ist ihr Außenpanzer nicht mit einer isolierenden Wachsschicht bedeckt. Darum muss sie immer von einem Feuchtigkeitsfilm umgeben sein. Und zum Schutz vor Austrocknung ist sie vor allem nachts und meist unter Gegenständen aktiv, um Wasserverluste zu reduzieren.

Nachwuchs in der Brusttasche

Wasserliebend ist auch der Nachwuchs. Das Kellerasselweibchen trägt die 25 bis 90 Eier in einer mit Flüssigkeit gefüllten Tasche 40 bis 50 Tage mit sich herum. Die Tasche befindet sich auf der Körperunterseite in Brusthöhe. Auch die geschlüpften Larven bleiben zunächst in dem Brustbeutel, den sie nach ca. 16 Tagen verlassen. Bis zum erwachsenen Tier müssen sich die kleinen Krabbler rund 14-mal häuten. Die Häutung ist eher untypisch: Sie läuft in zwei Etappen ab. Erst steigt die Assel in ein bis zwei Stunden aus dem hinteren Teil der Haut aus. In der Phase wächst der Hinterleib. Dann gibt es eine zwei- bis dreitägige Pause. Anschließend verliert sie die Haut der vorderen Körperhälfte. Die Kellerassel wird zwischen drei und vier Jahre alt.

Vom Blatt zum Humus

Die Assel ernährt sich hauptsächlich von abgestorbenem, organischem Material wie morschem Holz oder pflanzlichen Abfällen. Im Komposthaufen ist sie wichtig für die Bildung von Humus. Dagegen eher unerwünscht ist sie in Blumenkübeln, wenn sie lebende Wurzeln frisst oder im Keller, weil sie hier an Vorräte wie Kartoffeln, Äpfel oder Karotten geht. Die Kellerassel ist Teil des natürlichen Bodenlebens. Im Schnitt

kommt pro m^2 Bodenfläche ca. 1 kg Biomasse in Form von Organismen vor. Pilze machen mit etwa 380 g die größte Gruppe aus, gefolgt von Bakterien (160 g) und Regenwürmern (145 g). Asseln haben mit etwa 300 Individuen/m^2 und einem Gewicht von 4 g einen eher geringen Anteil.
Die Assel ist trotzdem wichtig, um organisches Material zu zerkleinern. Neben Ohrwürmern, Tausendfüßern und Schnecken frisst sie z. B. die weichen Blattteile bis auf die Blattadern heraus. Sie selbst wird von Tieren, wie z. B. Igeln oder Vögeln, gefressen, deren Ausscheidungen wieder auf den Boden gelangen und von Mikroorganismen weiter zerkleinert werden können – ein ständiger Kreislauf.

Asseln im Haus – keine Panik!

Mit einer Salbeipflanze z. B. am geöffneten Fenster kann man Asseln davon abhalten, ins Haus zu gelangen. Sind sie in den Räumen, kann ein feuchtes Handtuch auf dem Boden helfen, sie anzulocken.
In dem Handtuch kann man sie dann nach draußen bringen. Ähnlich funktioniert es laut Umweltbundesamt mit einer Schale gekochter Kartoffeln, die die Asseln anlockt. Das Umweltbundesamt hält weitere Tipps zum Umgang mit Kellerasseln bereit unter www.uba.de

Tipp: Hauptwanderzeit von Kröten ist zwischen 19 und 22 Uhr. Anders als Hase oder Maus, huschen die behäbigen Wanderer nicht gerade über die Straße: Zwischen fünf und 15 Minuten kann die Überquerung dauern.

Zwischen Wasser und Land

Ob der Bräutigam im Huckepack, der tiefe Bass beim Froschkonzert oder Kaulquappen in der mit Wasser gefüllten Fahrspur: Amphibien sind alles andere als eklig, sondern führen ein geheimnisvolles, spannendes Leben.

Aus dem Laichballen des Frosches (hier der Teichfrosch) schlüpfen Kaulquappen. Nach und nach werden aus ihnen Frösche.

Beim ersten warmen Regen im Jahr, wenn Vögel, Insekten und Säugetiere am liebsten im Versteck bleiben, kommen sie plötzlich massenhaft aus ihren Verstecken und machen sich auf zu Seen, Teichen und anderen Gewässern, um ihre Eier abzulegen: die Frösche und Kröten. Da ihre Haut wasserdurchlässig ist, sind die Tiere ständig an Feuchtbiotope gebunden. Das erklärt auch, warum sie bei Regen besonders gern wandern. Daher nennt der Volksmund das massenhafte Auftreten „Krötenregen".

Rückkehr zum eigenen Laichgewässer

Wie andere Amphibien besitzt auch die bei uns sehr häufig vorkommende Erdkröte eine innere Uhr. Sie sorgt dafür, dass die Winterruhe strikt eingehalten wird. Diese wird hormonell gesteuert, sodass die Kröte für eine bestimmte Zeit inaktiv bleibt. Erst, wenn diese Hormonsteuerung ausläuft, orientiert sie sich an der Temperatur. Überhaupt reagiert sie sehr sensibel auf Temperaturen: Das wechselwarme Tier reguliert seine Körpertemperatur im Sommer, indem es zwischen sonnigen und feuchten, kühlen Plätzen wechselt. Die Erdkröte marschiert wie gebannt von ihrem Winterlager in Feldern, Parks oder auch aus dem Wald stur in eine Richtung: Zum Laichgewässer, wo sie selbst vor wenigen Jahren jeweils aus einem der tausenden Eier geschlüpft ist. Als Kinderstube nutzt sie neben natürlichen Seen oder Teichen auch Kiesgruben und Dorfweiher genauso wie Viehtränken oder eine wassergefüllte Wagenspur. Die Bindung an ihr Geburtsgewässer ist so stark, dass sie selbst dann noch an dessen Stelle wandert, wenn es das Gewässer schon nicht mehr gibt. Wie die meisten Amphibien ist auch die Kröte nachtaktiv. Als Nahrung nimmt sie unterwegs vor allem Insekten, Schnecken und Regenwürmer auf. Da die Erdkröte ihr Winterlager je nach Angebot in Laub- oder Holzhaufen, in Erdbauten von Säugetieren und Ähnlichem aufschlägt, ändert sich von Jahr zu Jahr der Wanderweg.

Aber: Je dichter sie ihrem Heimatteich kommt, desto mehr neigt sie dazu, die gleichen Wege einzuschlagen wie in den Jahren davor. Bei ihrem Marsch orientiert sich die Kröte am Erdmagnetfeld, an markanten Geländepunkten, wie z. B. Waldrändern, oder auch mithilfe des Geruchssinns. Auf dem Weg lauern viele Gefahren. So wird die Amphibie gern von Igeln und Mardern, Iltissen, Füchsen und Fischottern, Raben- und Nebelkrähen, Eichelhähern und Möwen, Graureihern und Weißstörchen bis hin zu Eulen und Greifvögeln wie dem Mäusebussard gefressen. Die Erdkröte selbst vertilgt Insekten wie Käfer, Schmetterlinge oder Fliegen, Würmer und Schnecken, auch Fischlaich und kleine Fische. Wichtig dabei: Die Beutetiere müssen leben, tot verschmäht die Amphibie sie. Kröten haben – anders als Frösche – keine lange Zunge, sie führen eher das Maul in Richtung Futter. Anders beim Frosch: Seine Zunge kann teilweise fünf- bis sechsmal so lang sein wie der Frosch selbst. Nach Untersuchungen von US-Wissenschaftlern ist die Froschzunge ein wichtiges Werkzeug. Sie schnellt mit 5 bis 6 m/Sekunde hervor. Dank einer klebrigen Substanz auf dem Organ bleibt die Beute haften.

Mit dem Männchen Huckepack

Bis zu 3 km Entfernung legt die Erdkröte zwischen Winterquartier und Gewässer zurück. Das ca. 11 cm große, behäbig krabbelnde Weibchen hat dabei die Hauptaufgabe. Es trägt nicht nur die Eier im Körper. Schon auf dem Marsch trifft es auch auf die ersten Männchen, die ebenfalls nach der Winterruhe in Richtung Laichgewässer marschieren. Sie sind kleiner als die Weibchen, treten aber deutlich in der Überzahl auf. Da jedes Männchen bemüht ist, eine Braut zu ergattern, passen einige von ihnen schon auf der Wanderung eine Krötendame ab und klammern sich an ihr fest. Dieser Klammerreflex ist typisch für die Krötenmännchen und wird bei der Berührung ausgelöst. Die Männchen nutzen sogenannte

Brunftschwielen am Daumen, um sich unter der Achsel der Braut regelrecht festzuklemmen. Dieser Paarungsgriff mit den Vorderbeinen ist so fest, dass das Weibchen ihn nicht loswird. Die glücklichen Männchen, die sich so schon unterwegs die Braut gesichert haben, reiten auf ihr zum Laichgewässer. Die anderen Bräutigame warten dagegen im seichten Wasser auf ledige Damen. Sie stehen dabei so unter Spannung, dass sie auch schon mal andere Krötenmänner, fremde Amphibien oder sogar Fische und Holzstückchen ergreifen und sie tagelang nicht freigeben. Ein fälschlich ergriffener Krötengenosse lässt dann seinen „Befreiungsruf" ertönen, der wie ein „tüüüt" klingt. Ansonsten sind Erdkrötenmänner eher still. Denn anders als Frösche oder andere Kröten besitzen sie keine Schallblase und stimmen daher nicht in das sonst zu hörende Quak-Konzert ein.

Bis zu 8 000 Eier

Im Wasser angekommen, erholen sich die meisten Paare von der anstrengenden Reise. Es dauert einige Tage, bis das Weibchen die 3 000 bis 8 000 Eier ablegt. Die Eier sind mit einer Gallertmasse zu meterlangen Schnüren verbunden. Während der Eiablage schwimmt das Weibchen um Wasserpflanzen, sodass die Laichschnur dort hängen bleibt. Das Hohlkreuz, das sie bei der Eiablage macht, ist für das immer noch klammernde Männchen der Auslöser für die Befruchtung der Eier. Erst danach löst es sich vom Weibchen, das dann befreit nach dem schweren Akt allein den Rückweg antreten kann. Aus den Eiern schlüpfen nach 12 bis 18 Tagen wie bei anderen Fröschen oder Unken auch die fischähnlichen Kaulquappen. Bei ihnen entwickeln sich zuerst die Vorderbeine und dann die Hinterbeine. Am Ende der Entwicklung bildet sich der Schwanz zurück. Nach wenigen Monaten verlassen die Jungtiere vom Sommer bis in den Herbst das Gewässer, wohin sie erst nach ein bis zwei Jahren zurückkehren. Bei Fröschen bilden die Eier keine Kette, sondern einen Klumpen, der auf den Boden der Gewässer sinkt.

Lautes Quakkonzert

Während die Kröte durch ihre Wanderung auffällt, tut es der Frosch mit seinem rhythmischen Quaken. Seinen kilometerweit zu hörenden Ruf erzeugt er mithilfe einer Schallblase, die durch Längsschlitze hinter den Mundwinkeln ausgestülpt wird. Diese Blase wirkt als Resonanzkörper. Meist hört man Teich- oder Seefrösche. Die Rufe der Braunfrösche sind eher leiser, da sie zum Teil auch nur unter Wasser vorgetragen werden. Nur der Ruf der **Kreuzkröte** *(Bufo calamita)* schallt über 2 km weit. Das **Wechselkrötenmännchen** *(Bufo viridis)* lockt in der Paarungszeit das Weibchen mit einem melodischen Trillern. Der Begriff „Unkenruf" stammt von dem Laut der Rotbauchunke. Anders als bei den Fröschen liegt die Schallblase bei ihr innen. Das Tier bläst seinen ganzen Körper auf und erzeugt einen sehr tiefen Ton, der wie eine versunkene Kirchenglocke klingt. Dieser melancholische Laut hat bei den Menschen früher allerhand Aberglauben erzeugt. Der Frosch ruft und quakt, um sein Revier abzugrenzen und um Weibchen anzulocken.

Die Arten in Deutschland

In Deutschland leben laut Sielmann-Stiftung 21 Amphibienarten. Der Übergang zwischen Kröten, Fröschen und Unken ist fließend. Bei der Kröte sind die Hinterbeine in der Regel genauso lang wie die Vorderbeine. Darum springt sie nicht wie ein Frosch, sondern läuft. Außerdem hat sie eine ledrige, mit Warzen übersäte Haut, die Froschhaut dagegen ist glatt. Und während es die Kröte auch in trockenen Gebieten gibt, lebt der Frosch fast immer in der Nähe vom Wasser. Die **Erdkröte** *(Bufo bufo)* mit 9 bis 11 cm Länge und graubrauner bis rotbrauner Oberseite kommt sehr häufig vor. Zu der Familie der Krötenfrösche gehört die **Knoblauchkröte** *(Pelobates fuscus)*. Das 5 bis 8 cm große Tier mit hellbrauner Oberseite und olivbraunen Flecken unterscheidet sich vor allem durch die senkrechte Pupille von den echten Kröten. Sie wandert von März bis April bis 400 m. Weitere Besonderheit: Sie gräbt sich im Winter bis zu 0,5 m tief ein. Von den Unken ist bei uns die **Rotbauchunke** *(Bombina bombina)* zu finden. Sie wird nur rund 4,5 cm lang und laicht von April bis Juni. Typisch ist der schwarze Bauch mit gelben bis orangeroten Flecken, der ihr früher den Namen „Feuerkröte" einbrachte. Kaum zu unterscheiden sind bei uns der **Teichfrosch** *(Rana esculenta)*, der **kleine Wasserfrosch** *(Rana lessonae)* und der **Seefrosch** *(Rana ridibunda)*. Sie werden wegen ihrer Färbung als „Grünfrösche" zusammengefasst. Die 6 bis 16 cm langen Tiere leben das ganze Jahr am Gewässer. Der **blattgrüne Laubfrosch** *(Hyla arborea)* ist mit 3 bis 4 cm deutlich kleiner. Er lebt nicht nur im Wasser, sondern klettert auch auf Bäume oder Büsche. Als „Braunfrösche" werden der **Moorfrosch** *(Rana arvalis)*, der **Grasfrosch** *(Rana temporaria)* und der **Springfrosch** *(Rana dalmatina)* bezeichnet.

Tipp: Wer sich an den örtlichen Schutzmaßnahmen beteiligen will oder Ansprechpartner vor Ort sucht, findet auf der Internetseite www.amphibienschutz.de eine Karte der gemeldeten Amphibienhilfsmaßnahmen.

Schutzzäune retten Kröten

Gesperrte Straßen, Schutzzäune und eifrige Naturschützer, die die Amphibien im Eimer über die Straße tragen: Im Frühjahr haben die Krötenschützer Hochkonjunktur. Bundesweit werden über 2 000 Zäune aufgestellt. An diesen Zäunen müssen die Amphibien zwangsläufig entlangwandern, bis sie in die aufgestellten Fangeimer fallen und über die Straße getragen werden. Der Aufwand für die kleinen Krabbler ist laut NABU immens wichtig: Der Straßenverkehr ist heute eine viel größere Gefahr für die Kröten als ein möglicher Rückgang an Lebensräumen. Im Jahr 2006 wurden rund 319 000 Amphibien mithilfe der Zäune gerettet, davon 260 000 Erdkröten, lautet die aktuelle Statistik des NABU. Aber auch Grasfrösche, Teichmolche und Moorfrösche fanden sich häufiger in den Eimern.

Um den ehrenamtlichen Aufwand mit den Zäunen zu reduzieren, lassen sich die Amphibien so umleiten, dass sie ein anderes Gewässer aufsuchen und keine Straße mehr überqueren müssen. Das geht z. B. mit Tunneln unter den Straßen, die allerdings höhere Kosten verursachen. Sie werden außer von Amphibien z. B. auch von Igeln genutzt.

Kröten, Frösche & Co. auch im eigenen Garten schützen

Die in Deutschland heimischen Arten sind unterschiedlich stark gefährdet. Die 4,5 cm große Rotbauchunke mit dem deutlich roten Bauch gilt als vom Aussterben bedroht. Als stark gefährdet eingestuft sind die Knoblauchkröte, die Wechselkröte, die Kreuzkröte und der Moorfrosch.

Der NABU führt bei den meisten Arten den Straßenverkehr, aber auch den Rückgang der Laichgewässer als Ursache für die Gefährdung an. Außerdem setzen der Rückgang der Insektenvielfalt und die zunehmend wärmeren Sommer den Amphibien zu. Amphibien gehören zu den weltweit am stärksten gefährdeten Wirbeltierarten, erklärt das brandenburgische Landesamt für Umwelt.

Neben den Schutzzäunen können daher Maßnahmen im eigenen Garten helfen:

- Legen Sie Gartenteiche ohne Fische an. Ein künstliches Ansiedeln der Tiere am Gartenteich ist dabei nicht notwendig, sie finden sich von allein in der Regel schon nach kurzer Zeit ein.
- Ein Komposthaufen und Stapel mit Totholz nehmen Amphibien gern als Versteck und Winterquartier an.
- Gruben und Schächte sind Fallen und sollten verschlossen werden.
- Verzichten Sie auf chemisch-synthetische Spritzmittel.

Weitere Informationen enthält die NABU-Broschüre „Frösche, Kröten und Molche" unter www.nabu.de

Tipp: Wer Libellen am Gartenteich helfen möchte, sollte das Ufer mit Pflanzen oder Trittsteinen versehen. Außerdem dürfen in dem Teich keine Fische enthalten sein, sie setzen den Libellenlarven zu sehr zu.

Schillernde Flugkünstlerin

Die Libelle glänzt nicht nur in leuchtenden Farben, sondern auch mit ihrer Flugkunst. Im Sommer erfreut der tanzende Farbtupfer jeden Naturfreund. Eher unbekannt ist dagegen das spannende Doppelleben dieser tollkühnen Fliegerin.

Sanft spiegelt sich das Sonnenlicht auf der Wasseroberfläche. Rosa Seerosen und grünes Schilfgras umrahmen den friedlichen See. Da mischt sich pfeilschnell ein blauer, metallisch glänzender Farbtupfer in die Idylle, verharrt kurz in der Luft, steigt hoch, dreht einen waghalsigen Kreis und zieht genauso schnell, wie er gekommen ist, surrend seines Weges. Überall, wo es Wasser gibt, ist sie im Sommer bei der Jagd auf Beute oder beim Liebesspiel zu beobachten: die Libelle, auch „Wasserjungfer" genannt. Die Libelle ragt unter den Insekten in mehrfacher Hinsicht heraus. Sie fällt nicht nur mit ihrer Farbenpracht ins Auge, sondern auch mit ihren Flugkünsten. Typisch für die 1,8 bis 15 cm langen Tiere ist der bunte und lang gestreckte Hinterleib, der sich vom breiteren Brustabschnitt absetzt. Als „blaugoldene Stäbchen" bezeichnet sie daher Annette von Droste-Hülshoff in ihrem Gedicht „Der Weiher", als „schimmernde, flimmernde Gauklerin" der Dichter Heinrich Heine. Sie haben auch wundersame Namen wie „Teufelsnadel" oder „Vierfleck". Die Farbe des Hinterleibs ist typisch für die einzelnen Arten, wobei das Männchen – wie sonst im Tierreich auch – meist farbenfroher ist. Kein Wunder: Während das Weibchen z. B. bei der Eiablage eher unauffällig bleiben will, muss der werbende Libellenmann auf sich aufmerksam machen. Er schillert daher blau, bronzefarben oder grün mit metallischem Glanz oder in leuchtendem Azurblau. Sie hält sich dagegen eher in schlichtem Braun, Gelb oder Grün.

Geschickte Jägerin

Die rund 80 Arten in Deutschland werden grob in Groß- und Kleinlibellen unterschieden. Allerdings haben diese beiden Unterordnungen viele Gemeinsamkeiten. Alle Libellen sind Räuber, die ihre Beute in der Luft greifen oder im Vorbeiflug von Blättern pflücken. Auf ihrem Speiseplan stehen vor allem andere Insekten, auch Blattläuse oder Mücken. Bei der

Jagd geht die Libelle äußerst geschickt vor. Sie ist das einzige Insekt, das nicht nur in einer Drittelsekunde von null auf 15 km/h beschleunigen und bis zu 40 km/h schnell fliegen, sondern auch in der Luft stehen bleiben kann. Ebenso schnell kann sie aus dem waagerechten Flug aufsteigen oder sogar rückwärts fliegen. Möglich ist das durch eine mächtige Flugmuskulatur. Die Muskeln setzen direkt an den Flügeln an. Damit kann die Libelle beide Flügelpaare unabhängig voneinander bewegen. Die meisten anderen Fluginsekten fliegen dagegen, indem sie die Flügel nur indirekt durch Schwingungen der Rückenplatte in Bewegung setzen. Der lange Körper dient als Flugstabilisator. Die Libelle fliegt fast lautlos, da sich die Flügel nur rund 30-mal pro Sekunde bewegen. Zum Vergleich: Die kleinere, dafür umso lautere Stechmücke schwingt die Flügel rund 1000-mal pro Sekunde und schafft dabei nur bis zu 2 km/h. Der Großlibelle fehlt das typische Fluggelenk. Daher kann sie die Flügel nicht nach hinten legen, sondern nur zur Seite ausstrecken. Die Kleinlibelle kann sie auf dem Rücken zusammenklappen.

Da das kleine Fliegerass wechselwarm ist, nimmt sein schlanker Körper immer die Außentemperatur an. Für rasante Flugmanöver müssen die Muskeln richtig auf Betriebstemperatur sein. Aus diesem Grund sieht man Libellen am Morgen häufig an sonnigen Plätzen sitzen, besonders Großlibellen. Denn sie haben doppelt so viele Muskeln wie Kleinlibellen. Damit sind sie zwar die rasanteren Flieger, brauchen aber auch länger, bis die Muskeln warm sind. An bedeckten Tagen fliegen sie kaum, während einige Kleinlibellen auch ohne Sonne fliegen. Auf den Flügeln befinden sich bei einigen Arten Markierungen. Das Abspreizen ist eine Drohgebärde gegenüber Rivalen. Während die Libellen sitzen, können sie mit ihren behaarten Fühlern die Windgeschwindigkeit messen und haben damit beim Flug ein Gefühl für die eigene Geschwindigkeit. Ist der Wind zu stark, bleiben sie sitzen, da sonst die Gefahr besteht, dass sie aufs Wasser geweht werden.

Libellenflügel gelten als kleines Wunder

Mit einem Milligramm sind die vier Flügel der Libelle extrem leicht und betragen nur 2 % des Körpergewichts. Sie haben je nach Art eine Spannweite von 18 mm bis 15 cm. Damit sie auch bei schnellen Wendungen nicht abknicken, sind sie von einem Netz von luftgefüllten Röhren durchzogen.

Die Tiere können die Flügel im Flug so verstellen, dass sie damit vorwärts, aufwärts oder auf der Stelle fliegen können. Mit der leichten Verdrehung entstehen auf der Oberfläche der Flügel kleine Luftwirbel. Damit schaffen sie einen starken Auftrieb und sind nicht von Luftströmungen abhängig. Wissenschaftler haben herausgefunden, dass Libellen das Zweieinhalbfache ihres eigenen Körpergewichts tragen können. Damit transportieren sie im Verhältnis das Dreifache dessen, was leistungsfähige Luftfahrzeuge des Menschen schaffen.

Kein Wunder, dass sich die Techniker mit diesen Eigenschaften beschäftigen. „Bionik" heißt der Wissenschaftszweig, der Biologie und Technik vereint und nach möglichen Vorbildern in der Natur sucht. Und das bereits sehr lang: Schon Leonardo da Vinci hat versucht, am Vorbild von Vögeln das Fliegen zu lernen. Er soll auch schon von den perfekten Flugeigenschaften der Libelle fasziniert gewesen sein. Auch heute noch wird das Wunderwerk des Libellenflugs in vielen Forschungsinstituten als Anregung für technische Entwicklungen genommen.

„Teufelsnadeln" stechen nicht

„Teufelsnadeln", „Teufelsbolzen" oder „Augenstecher": Die volkstümlichen Namen für Libellen wirken sehr bedrohlich. Dabei sind die schönen Insekten für Menschen völlig ungefährlich. Denn sie besitzen weder Stachel noch Giftdrüsen. Woher die Namen stammen, dazu gibt es zwei Theorien. Die eine geht auf die altnordische Göttin Freya zurück, der die Libellen heilig gewesen sein sollen. Christliche Missionare haben daher nicht nur den nach der Göttin benannten „Freytag" als Unglückstag erklärt, sondern auch die Libellen als „gefährlich" eingestuft. Eine andere Erklärung könnte sein, dass man die Eiablage in Pflanzen mithilfe des Legebohrers mit "Stechen" verwechselt. Dazu kommt, dass Libellen manchmal mit blutsaugenden Mücken oder Bremsen gleichgesetzt werden, wenn sie im Sommer auf Weidetieren wie Pferden oder Kühen sitzen. Dabei suchen die Sonne liebenden Libellen die warmen Tierrücken nur zum Aufwärmen auf.

Die besten Augen im Insektenreich

Bei der Jagd und dem schnellen Flug werden Libellen von ihren riesigen Augen unterstützt. Rund 30 000 Einzelaugen, Facetten genannt, erspähen die Beute blitzschnell. Die Tiere sehen mit 175 Einzelbildern pro Sekunde so schnell, dass sie Bedrohungen wie das Netz eines Fängers in Zeitlupe wahrnehmen. Im Vergleich dazu: Der Mensch kann nur 20 Bilder pro Sekunde getrennt erfassen. Die Tiere sehen zwar nicht so scharf wie wir Menschen, können dafür aber sich bewegende Beute in Größe von 1 mm noch aus einiger Entfernung sehen. Die Augen gelten als die besten im Reich der Insekten. Damit können sie Nahrung, einen Partner oder einen günstigen Eiablageplatz blitzschnell ausmachen. Großlibellen jagen ebenso abseits der Gewässer über Wiesen, in Waldlichtungen oder anderen freien Flächen – vor allem die Weibchen. Denn am Wasser muss die Libellendame damit rechnen, auf aufdringliche Freier zwecks Paarung zu treffen. Hat das jagende Tier eine Beute im Visier, formt es seine sechs Beine zu einem nach vorn offenen Fangkorb. Die Beine sind mit Dornen oder Haaren besetzt, die die Zwischenräume wie ein Netz abdichten. Damit kann die Libelle auch Insekten von Pflanzen direkt abpflücken. Wer in dem Korb gefangen wird, hat keine Chance. Denn geschickt führt die Libelle den Happen noch im Flug in den Mund und zerkleinert ihn mit spitzen, scharfen Zähnen.

Reviergrenzen werden abgeflogen

Die Flugkunst setzen die kühnen Flieger auch zur Verteidigung ein. Denn einige Arten besetzen wie bei Vögeln ein Revier, in dem sie keine Rivalen dulden. Ein typisches Beispiel dafür ist die Königslibelle, was allein schon durch den lateinischen Namen *Anax imperator* deutlich wird. Wie keine andere Art patrouilliert sie in ihrem Revier an kleineren Gewässern. Sie wird daher auch Wächterin genannt. Auch das Liebesspiel der Libellen verläuft hauptsächlich in der Luft. Wenn mehrere Männchen um ein Weibchen werben, kommt es zu erbitterten Kämpfen. Bei der Prachtlibelle umgarnt das Männchen das Weibchen, indem er sich vor ihren Augen in den Bach fallen lässt. Er will ihr damit sagen: „Schau, hier ist fließendes Wasser, ideal für unsere Kleinen!" Hat der Libellen-Freier ein Weibchen ergattert, packt er es mit einer Zange, die er am Hinterleib trägt, hinter dem Kopf. Dieser Mechanismus funktioniert wie ein Schlüssel in einem Schloss und ist bei jeder Art verschieden. So zusammengeschlossen fliegen die beiden noch eine Zeit lang herum. Diese als „Kette" oder „Tandem" bezeichnete Formation lässt sich im Frühsommer öfter beobachten. Zur eigentlichen Paarung bilden die beiden dann das sogenannte Paarungsrad. Das Weibchen biegt dabei den Hinterleib weit nach vorn, während das Männchen das Weibchen immer noch in der Zange hat. Die so entstehende Form ähnelt einem Herz.

Wiege unter Wasser

Bei der anschließenden Eiablage bleiben Männchen und Weibchen z. B. der Heidelibelle im Flug weiterhin verbunden, während das Weibchen die Eier aus einer Höhe von bis zu 80 cm auf die Wasseroberfläche schleudert. Die Königslibelle dagegen sticht mit einer Legeröhre in Wasserpflanzen und legt die Eier innen ab. Das Vierfleck-Weibchen tippt – dicht über der Wasseroberfläche fliegend – mit dem Hinterleib 20- bis 30-mal in der Minute ins Wasser und legt dabei 25 bis 40 Eier ab. Die Grüne Mosaikjungfer ist so wählerisch, dass sie die Eier nur in den Blättern der „Krebsschere" ablegt. Beim Blaupfeil oder beim Plattbauch überwachen die Männchen die Eiablage der Partnerin, um bei Bedarf Rivalen zu vertreiben. Die Speer-Azurjungfer taucht bis zu 50 cm unter Wasser, um die Eier in Wasserpflanzen abzulegen. Einige Prachtlibellen oder die Gemeine Becherjungfer können zur Eiablage bis zu 90 Minuten lang tauchen.

Das Greiforgan der Libellenlarve: die Fangmaske.

Larven leben wie Fische

Die erwachsenen Tiere leben anschließend nur noch wenige Wochen. Aber völlig verborgen vorm menschlichen Auge entwickelt sich aus den Eiern eine faszinierende, zweite Libellen-Welt. Denn die Larven leben je nach Art von einigen Monaten bis zu drei Jahren – also viel länger als die erwachsenen Tiere. Die Larven der Libelle sind in der Gestalt nicht so verschieden vom erwachsenen Tier. Sie leben am Grund der Gewässer oder auf Wasserpflanzen im Wasser, um hier wie die Eltern Jagd auf Beute zu machen. Sie kommen in Teichen, Mooren oder fließenden Gewässern vor. Und ähnlich wie die „Großen" mit dem Fangkorb haben auch die Larven eine besondere Waffe: Anstelle einer Unterlippe besitzen sie eine Fangmaske. Dieses Greiforgan bedeckt in Ruhestellung die übrigen Mundwerkzeuge. Ist eine Mückenlarve, ein Bachflohkrebs oder eine kleine Kaulquappe in Sicht, stößt die Fangmaske wie eine Harpune blitzartig vor. Dabei schnellt sie wie eine Kinderrollpfeife vor. Diese Bewegung dauert nur wenige Millisekunden. Am Ende des Greiforgans sitzen zwei bewegliche Dornen, mit denen die Beute gepackt und Richtung Mund

Libellen sind eine sehr alte Insektenordnung, es gibt sie seit der Zeit der Dinosaurier. Sie leben vor allem am Wasser. Das können stehende Gewässer wie Seen, Tümpel oder auch Gartenteiche sein. Wenige Arten kommen auch an Fließgewässern vor. Als Spezialisten gelten Libellenarten, die in der Heide oder im Hochmoor leben.

befördert wird. Und das geschieht sehr häufig: Libellenlarven gelten als sehr gefräßig. Wie die Eltern können sie die Beute nur erkennen, wenn sie sich bewegt. Die Libellenlarven atmen ähnlich wie Fische durch Kiemen, die am Hinterleib angeordnet sind. Zum „Atmen" saugen sie Wasser mit dem Hinterleib an, aus dem dann der Sauerstoff entnommen wird. Das Wasser können Larven von Großlibellen auch mit besonderen Muskeln unter hohem Druck schnell ausstoßen. Damit schießt das Tier wie ein Torpedo davon, was besonders bei Bedrohungen durch Feinde sehr nützlich ist.

Bis zu 17 Häutungen

Im Laufe der Entwicklung häuten sich die Larven bis zu 17-mal. Da sie sich vor dem Schlupf nicht verpuppen, bedeutet die letzte Häutung auch gleichzeitig den Abschied aus dem Larvendasein. In den frühen Morgenstunden kriechen sie an Wasserpflanzen empor und häuten sich. Da die Larve jetzt auf Luftatmung umgestellt hat, pumpt sie Luft, aber auch Blut in Brustraum und Kopf. Dabei reißt die Haut auf und die Libelle im Kleinformat schlüpft. Wie beim Aufblasen eines schlaffen Ballons wächst das junge Tier in wenigen Stunden zur vollen Größe heran. Auch die noch feuchten Flügel müssen sich erst entfalten und trocknen. Das kann mehrere Stunden dauern. In dieser Zeit ist die wehrlose Junglibelle leichte Beute für Spinnen, Wespen, Ameisen oder Vögel. Fliegende Libellen stehen auch auf dem Speiseplan von Fröschen oder Fledermäusen. Wenn die Libelle zu ihrem Jungfernflug startet, bleibt die Larvenhülle am Ufer oder an den Wasserpflanzen zurück. Die Hülle ist zwischen 1 und 4 cm groß und im Juli am Rand von Gewässern zu finden – so auch am Gartenteich. Anhand der Hülle lässt sich die Libellenart gut bestimmen. Nach der Reifungsphase von wenigen Tagen beginnt das kurze Leben der schönen Flugkünstler, die als besonderer Farbtupfer der Natur während des Sommers so manchen Naturliebhaber erfreuen.

Rund die Hälfte der 80 Libellenarten, die bei uns vorkommen, steht auf der Roten Liste der gefährdeten Arten. Denn sehr spezialisierte Lebensräume wie Hochmoore, Quellaustritte oder naturnahe Wiesengräben verschwinden allmählich. Allerdings haben sich einige Arten wie Flussjungfern oder Prachtlibellen aufgrund der gestiegenen Qualität von Bächen und Flüssen wieder erholt.

Von Jungfern und Drachenfliegen

Grundsätzlich wird die Ordnung der Libellen in die Unterordnungen Groß- und Kleinlibellen unterschieden. Es gibt dabei mehr Groß- als Kleinlibellen. Die Kleinlibellen sind zarter und haben einen nadelartigen Körper. Die Großlibellen sind etwas massiger. Bei den Engländern heißen die Kleinlibellen daher „Mädchenfliegen", die Großlibellen „Drachenfliegen".

Bei uns kommen folgende Arten besonders häufig vor und sind auch an Gartenteichen zu beobachten:

Kleinlibellen

Große Pechlibelle
(Ischnura elegans);
3 cm langer, schwarzer Körper mit blauen Stellen an Brust und Körperende.

Frühe Adonis-Libelle
(Pyrrhosoma nymphula);
3,5 cm langer Körper, oben dunkelrot, unten gelb gefärbt.

Hufeisen-Azurjungfer
(Coenagrion puella);
3,4 cm langer, blauer Körper mit Hufeisenzeichnung am Körperende.

Großlibellen

Blau-Grüne Mosaikjungfer
(Aeshna cyanea);
kommt besonders häufig an Gartenteichen vor; 8 cm langer Körper mit leuchtend blauen und grünen Stellen an Kopf, Brust und Hinterleib.

Große Königslibelle
(Anax imperator);
8 cm langer, himmelblauer Körper mit schwarzen Zeichnungen.

Gemeine Heidelibelle
(Sympetrum vulgatum);
4 cm langer, auffallend roter Körper.

Vierfleck
(Libellula quadrimaculata);
5 cm lang mit je zwei auffallenden Flecken in den Flügeln.

Maulwürfe sind ein Anzeiger für einen guten Boden. Ein gesunder, guter Rasen enthält mehr Bodenlebewesen, also auch Regenwürmer. Und wo der Regenwurm ist, ist auch der Maulwurf. Die Tiere kommen häufig über eine Art „Einflugschneise" in den Garten. Häufig wandern sie von landwirtschaftlichen Flächen ein.

Blinder Jäger unter Tage

Der Maulwurf lebt ausschließlich unter der Erde und gräbt ein weitverzweigtes Tunnelsystem, das mehrere Kilometer lang sein kann. Es enthält auch Vorrats- und Schlafkammern.

Ein leichtes Zittern auf dem Rasen.

Dann bricht die Oberfläche auf. Wie bei einem Vulkanausbruch in Zeitlupe schiebt sich schwarze Erde aus der Tiefe nach oben – so lange, bis ein schöner, rund 30 cm hoher Haufen entstanden ist. Hier ist der **Maulwurf** *(Talpa europaea)* am Werk. Er lebt vor allem unter der Erde in selbst gegrabenen Tunneln. Den Aushub befördert er an die Oberfläche, wo die so ungeliebten „Maulwurfshügel" entstehen. Diese Tätigkeit hat ihm auch seinen Namen gegeben: Maulwurf stammt vom mittelhochdeutschen „Moltewurf" ab. „Molte" bedeutet Erde. Der Maulwurf gehört zu den wenigen Säugetieren, die fast ausschließlich unter der Erde leben.

Kräftige Grabschaufeln

Zum Graben benutzt der samtschwarze, rund 16 cm lange Tunnelgräber seine Vorderbeine. Sie sind zu nach außen gedrehten Grabschaufeln mit jeweils fünf Krallen umfunktioniert. Die Arme sind sehr kurz, dafür kräftig und mit vielen Muskeln bepackt. Mit ihnen kann der Maulwurf Erdmassen vom 20-fachen seines eigenen Körpergewichts bewegen. Richtig Kraft entwickelt er nur nach hinten. Daher gräbt er immer mit dem Kopf voran. Legt er einen neuen Gang an, zieht er seinen Kopf ein und reißt mit den Grabkrallen die Erde auf. Zum Graben benutzt er nur eine Pfote und stützt sich mit der anderen an der Tunnelwand ab. Nasen- und Ohrenöffnungen lassen sich mit einer Hautfalte verschließen, damit keine Erde eindringt. Dabei schiebt er seinen walzenartigen Körper wie einen Bohrer drehend nach vorn. Bis zu 20 m schafft der Maulwurf am Tag. Sein Haarkleid besitzt keinen „Strich". Es ist also in alle Richtungen biegsam, was ihm beim Vor- und Zurückkriechen in den Röhren hilft. Mit dem Körper presst er einen Teil der gelockerten Erde an die Röhrenwand. Was übrig ist, schiebt er zunächst mit der Grabschaufel am Körper vorbei und dann mit den

Das Gangsystem
des Maulwurfs:
Links oben ist eine
„Sumpfburg" zu sehen,
in der Mitte die
Vorratskammer.

Hinterbeinen nach hinten. Da er mit der Erde seinen Gang hinter sich wieder verschließen würde, muss die Erde raus – sehr zum Leidwesen des Rasenliebhabers. Hierfür gräbt er zunächst eine Bauröhre von seinem horizontalen Gang schräg nach oben. Dann dreht er sich und schiebt die Erde nach hinten, sodass sie am Ende dieser Ausstoßröhre den typischen Hügel bildet. Fälschlicherweise wird angenommen, dass der Maulwurf zum Schieben auch seinen Kopf oder die Schnauze nutzt. Aber die Schnauze ist sein wichtigstes Tastorgan und für diese Arbeit viel zu empfindlich.

Bis zu 60 cm tief

Im Sommer verlaufen seine Tunnel in einer Tiefe von 10 bis 40 cm Tiefe, im Winter geht er auch schon auf 60 cm herunter. Das gesamte Tunnelnetz aus Haupt- und Nebenröhren kann aneinandergereiht bis zu 2 km lang sein und verläuft horizontal, aber auch schräg nach unten und oben. Pro Hektar (10 000 m^2) können je nach Region zwischen sechs und elf Maulwürfe vorkommen. Weibchen buddeln ihr Tunnelsystem auf ca. 2 000 m^2, Männchen dehnen es auf 6 000 m^2 aus.

Reiner Fleischfresser

Die Tunnel entstehen bei der Nahrungssuche, bei der sich der Maulwurf durch den Boden gräbt und nach Essbarem stöbert. Denn er frisst täglich etwa die Menge seines Eigengewichts von fast 120 g. Auf dem Speiseplan des reinen Fleischfressers stehen vor allem Regenwürmer, aber auch Käferlarven sowie Asseln, Spinnen, Tausendfüßler, erwachsene Insekten, Lurche und sogar Mäuse. Sein Stoffwechsel ist so hoch, dass er nach etwa einem Tag ohne Fressen verhungern würde! Das Nahrungsangebot ist auch der Grund, warum im Winter bis in das Frühjahr hinein besonders viele Haufen entstehen. Im Winter verziehen sich Würmer und andere Beutetiere in untere Bodenschichten. Der Maulwurf muss also auch tiefer graben und befördert entsprechend mehr Erde nach oben. Wenn im Frühjahr das Leben im Boden wieder erwacht, schöpft der Maulwurf aus dem Vollen und jagt knapp unter der Oberfläche. Bei dem vielseitigen Speiseangebot nach dem kargen Winter jagt er besonders gern und buddelt mehr Gänge.

Schlafkammer für kurze Ruhepausen

Unabhängig von der Tageszeit legt der blinde Jäger nur kurze Ruhepausen in seinem Bau ein. Diese Schlafkammer besteht aus einem Nest, das in der Regel etwa 0,5 m unter der Erde liegt. Nur auf nassen Weiden oder Wiesen legt er dieses Nest oberirdisch in einem sehr großen Hügel an. Diese „Sumpfburgen" können bis zu 90 cm hoch sein. Hier legt er ringförmige Belüftungskanäle an. In der Mitte befindet sich die Wohnkammer, die mit Gras, Laub und feinen Wurzeln ausgepolstert ist. Doch hier hält er sich nicht häufig auf, sondern ist meistens mit Graben und Jagen beschäftigt. Die fertigen Laufgänge dienen ihm anschließend wie ein Spinnennetz als Falle. Denn oft fallen kleine Tiere wie Käfer, Spinnen oder Würmer hinein und wandern die Gänge entlang. Alle drei bis vier Stunden durchkämmt er bei einem Patrouillengang seine Tunnel. Aber er liegt auch in seinem Bau und wartet darauf, ob sich irgendwo in seinem Gangsystem etwas tut. Er jagt mit Geschwindigkeiten von rund 1 m/Sekunde der Beute nach. Bei guter Ausbeute legt er für Notzeiten einen Vorratsspeicher an. Das ist vor allem im Winter der Fall. Denn er hält keinen Winterschlaf. Jeder Maulwurf hat bis zu zehn Vorratskammern, die vom Röhrensystem abzweigen. Hierin sammelt er Beute, die insgesamt über 1 kg wiegen kann. Damit sich Regenwürmer nicht heimlich davon machen oder eingraben, soll er ihnen häufig den Kopf abbeißen. Genauso soll er Regenwürmer vor dem Fressen durch seine Grabschaufeln ziehen, um den äußerlich anhaftenden Sand, aber auch den sandhaltigen Darminhalt des Wurms abzustreifen. Der Maulwurf ist wie geschaffen für die Jagd unter der Erde. Um „unter Tage" genügend Luft zu bekommen, kann sein Blut mehr Sauerstoff binden als das von anderen Tieren. Denn der Sauerstoffgehalt ist trotz der Belüftungslöcher in den Hügeln geringer als an der Oberfläche. Da im Dunkeln die Augen nichts nutzen, sind diese sehr klein. Das Tier kann mit ihnen nicht sehen, nur Unterschiede in der Lichtstärke feststellen. Dagegen sind Tastsinn, Geruch und Gehör sehr gut. Als Tastwerkzeug benutzt der Maulwurf seine Schnauze, die mit vielen empfindlichen Schnurrhaaren besetzt ist. In der Haut der langen Rüsselnase ist das „Eimersche Organ" untergebracht. Benannt wurde es nach seinem Entdecker, dem Zoologen Theodor Eimer. Es enthält fünfmal so viele Nervenfasern wie die menschliche Hand. Damit kann der Maulwurf selbst leichte Erschütterungen des Bodens sowie schwache elektrische Reize spüren, die von Beutetieren ausgehen. Mit seinem Stummelschwanz bemerkt er dagegen, was hinter ihm los ist. Trotz der Dunkelheit und der oft verschlungenen Gänge findet sich der Maulwurf also sehr gut zurecht. Außerdem spürt er Erschütterungen sehr schnell. Das kann man leicht feststellen, wenn man sich einem Maulwurf beim Graben nähert. Der Maulwurf spürt die Schritte und stoppt sofort mit dem Auswerfen von Erde. Erst, wenn der Gräber das Gefühl hat, dass die Luft wieder rein ist, schiebt er neue Erde nach außen. Aus diesem Grund kommen Maulwürfe auch in Gärten weniger häufig vor, in denen im Sommer Kinder spielen oder andere Aktivitäten herrschen. Diese Vorsicht ist lebenswichtig für ihn. Denn nicht nur Katzen spüren das Graben des Maulwurfs und fangen ihn beim Hügelbauen. Ein wichtiger Feind ist auch der Storch, der sich den Gräber geschickt aus dem frischen Hügel packt.

Lieblingsboden: nährstoffreicher Rasen

Der Boden bestimmt, wo der Maulwurf besonders häufig anzutreffen ist. Am liebsten hat er einen gut bewachsenen, fruchtbaren Boden auf Wie-

Maulwurf steht unter Schutz

Der Maulwurf gehört zur Ordnung der Insektenfresser und ist kein Nagetier. Er ist verwandt mit den Spitzmäusen und Igeln.

Bis Mitte des 20. Jahrhunderts ist der Maulwurf als Pelzlieferant gejagt worden. Aber die Haare des Fells fallen bei häufigem Gebrauch des Kleidungsstücks aus. Daher ist das Maulwurffell wieder aus der Mode gekommen.

Heute steht der Maulwurf unter Naturschutz und darf nicht gejagt werden. Das ist auch nicht nötig. Denn Schäden richtet er bis auf die als unschön empfundenen Hügel nicht an. Als Fleischfresser frisst er – anders als die Wühlmaus – die Pflanzen nicht an.

Nur in Ausnahmefällen können Pflanzen Schaden nehmen, wenn er eine Wurzel freilegt und die Pflanze von unten her vertrocknet. Ansonsten können Maulwurfsröhren für das Absacken von Gehwegplatten oder Pflastersteinen sorgen.

Da er aber Schädlinge wie Engerlinge oder Schnecken vertilgt und seine Gänge den Boden belüften, ist er sogar nützlich für den Garten. Zudem schützt er Kulturpflanzen, indem er kulturschädigende Nager vertreibt und große Mengen an Insektenlarven vertilgt.

sen, Weiden oder im Laubwald. Denn hier kommen besonders viele Bodenlebewesen vor. Sehr nasse Böden oder Sand meidet er dagegen: Im Sand halten die Tunnel nicht und stürzen ein. Ein Maulwurfsleben beträgt rund drei bis vier Jahre. Er ist ein typischer Einzelgänger. Jedes Tier hat sein eigenes Gangsystem und duldet darin keine weiteren Artgenossen. Eine Ausnahme machen die kleinen Räuber nur im März oder April zur Paarungszeit. Die Paarung findet im Bau des Weibchens statt. Nach spätestens 48 h gehen die beiden wieder getrennte Wege. Das Maulwurfweibchen trägt rund 40 bis 50 Tage. In dieser Zeit baut es allein ein unterirdisches Nest für die Jungen, meist unter der Wurzel von Bäumen oder Sträuchern. Die zwei bis sieben Jungen kommen noch im Sommer zur Welt. Sie sind bei der Geburt nackt und blind. Sobald sie den Bau verlassen können, gehen sie mit der Mutter auf Erkundungstour. Sind sie zwei bis drei Monate alt, verlassen sie ihre Mutter und graben sich ihr eigenes Tunnelsystem.

Tipp: Je mehr Vielfalt, desto besser für z. B. Schmetterlinge: Lassen Sie auch Kräuter im Garten blühen.

Flatternder Farbtupfer

Das Tagpfauenauge ist im wahrsten Sinne ein „Edelfalter“: Wunderschön rot und blau glänzt es in der Sonne.

Im Gegensatz zu den weniger ansehnlichen Raupen lebt es nur wenige Wochen.

Im Sommer präsentiert die Natur viele prächtige Farbtupfer. Überall leuchtet es im Garten weiß, gelb, blau oder rosa. An den Blüten herrscht buntes Treiben. Aus vielen Kelchen summen Hummeln, schwirren Bienen mit vollen Pollensäckchen oder suchen zierliche Schwebfliegen Nahrung. Lautlos, mit sanftem Flügelschlag, schwebt ein Farbklecks in das aufgeregte Treiben, den ebenfalls der süße Nektarduft angelockt hat: ein **Tagpfauenauge** *(Aglais io)*. Auf den rotbraunen Flügeln, die ausgebreitet etwa 6 cm messen, kann man deutlich vier leuchtend blaue Augen erkennen. Dieser markanten Färbung hat der Schmetterling seinen Namen zu verdanken. Das Tagpfauenauge gehört laut Bund für Umwelt und Naturschutz (BUND) zu den rund 3 700 Schmetterlingsarten in Deutschland. Davon zählen etwa 190 zu den sogenannten Tagfaltern.

Schuppen sorgen für Farbspiel

Auffallend schön schillern die Farben in der Sonne. Kein Wunder, dass der Schmetterling genau wie der „Kleine Fuchs" oder der „Admiral" zu den Edelfaltern gehört. Das ist nicht nur die größte Familie unter den Tagfaltern, sondern auch die farbenprächtigste. Ursache dafür sind die Schuppen, die der Schmetterling statt eines Haarkleids trägt. Einzelne Schuppen sind – unter dem Mikroskop betrachtet – eher unscheinbar. Erst das Zusammenspiel von Licht und der Überlappung der Schuppen sorgt für die schillernden Farben, weil sich in ihnen das Licht unterschiedlich bricht. Seine Zeichnung rettet so manchem Falter das Leben. Denn sollte sich ein Vogel nähern, breitet er schnell seine Flügel aus und gaukelt dem Angreifer ein sehr großes Tier vor. Bevor dieser sich von seinem Schreck erholt hat, ist der Schmetterling schon entschwunden. Auf bis zu 20 km/h können die Falter im Ernstfall beschleunigen. Bei zusammengeklappten Flügeln wirkt der Falter wegen der dunklen Flügelunterseite eher wie ein Blatt. Zu den Fraßfeinden gehören außerdem Frösche oder Kröten.

Tipp: Geranien und andere Exoten enthalten zu wenig Nektar, um ausreichend Nahrung zu bieten.

Farben locken ihn an

Wie schon im Kapitel der Bienen beschrieben, ist Nektar ein Saft, den Pflanzen als Sekret bilden. Er enthält neben Zucker auch Duftstoffe und ist für die bestäubenden Insekten quasi die Belohnung für den Blütenbesuch. Er dient Schmetterlingen, Hummeln und anderen als Nahrung. Aber auch die kräftigen Farben der Blüten sorgen für den Schmetterlingsbesuch. Einzelne Falterarten bevorzugen dabei bestimmte Farben wie Gelb, Weiß, Rot oder Blau. Eine der Lieblingspflanzen des Pfauenauges ist beispielsweise der süßlich duftende **Sommerflieder** *(Buddleja)*, der mit seinen lila Blüten und seinem intensiven Honigduft auch Schmetterlingsstrauch genannt wird. Daneben sind Astern, Lavendel, Disteln, Flammenblumen, Bartnelken oder Thymian typische Schmetterlingspflanzen. Für die Nahrungsaufnahme hat die Natur die Schmetterlinge mit einem besonderen Werkzeug ausgestattet. Anders als viele andere Blütenbesucher, kann der Falter seinen sehr langen Rüssel entrollen. Dieser kann bis zu 8 cm lang sein und damit mindestens das Doppelte der Rumpflänge umfassen. Die Länge ist nötig, weil das Pfauenauge wegen seiner ausladenden Flügel nicht in die Blüte hineinkriechen kann. Angelockt werden Pfauenauge-Männchen auch vom Duft eines Weibchens. Diese Sexualbotenstoffe (Pheromone) sind so geruchsintensiv für die Männchen, dass sie sie bis zu einer Entfernung von 11 km wahrnehmen können.

Große Brennnessel als Puppenstube

Bei dem nun folgenden Balztanz geht das angelockte Männchen sehr fantasievoll vor. Es umfliegt das stillsitzende Weibchen zunächst in Halbkreisen. Kann sich die Schmetterlingsdame noch nicht entscheiden und flattert wieder davon, folgt der Freier und fliegt abwechselnd mal über, mal unter ihr. Dabei versucht er, die Angebetete auf den Boden zu drücken. Nach der Paarung, die bei einigen Falterarten bis zu vier Stunden dauern kann, legt das Weibchen meist schon nach wenigen Tagen rund 200 Eier ab. Aus ihnen schlüpfen nach etwa drei Wochen die Raupen. Auffällig ist, dass das Weibchen nur Brennnesseln zum Ablegen der Eier aufsucht. Der Grund ist einfach: Die Raupen des Pfauenauges fressen nur diese Pflanze. Auch andere Schmetterlingsarten sind bei der Wahl ihrer Kinderstube wählerisch. Beim „Kaisermantel", einem weiteren Edelfalter, muss es das Waldveilchen sein, beim Zitronenfalter der Faulbaum, beim Admiral ebenso die Brennnessel.

Dornige Raupen

Die Raupen schlüpfen nach etwa drei Wochen. Ihre Haut ist mit Dornen besetzt, weshalb sie bei den Vögeln als weniger genießbar gelten. Raupen anderer Arten tarnen sich mit wenig auffallenden Farben. Wieder andere sind behaart oder sogar giftig. Junge Vögel lernen schnell, welche Raupen nicht auf den Speiseplan gehören. Aber die größten Feinde der Raupen sind Schlupfwespen, die als Parasit ihre Eier in die Raupen legen. Die Raupen aller Schmetterlinge besitzen kräftige Kiefer, mit denen sie fressen – nicht immer zur Freude des Menschen. Raupen des Kohlweißlings bevorzugen beispielsweise Gemüsepflanzen wie Kohl, Kresse oder Kohlrabi. Schäden können auch Raupen wie die der Kleidermotte oder die Mehlmotte im Getreide anrichten. Im Obstbau oder im Wald sind Frostspanner, Apfelwickler, Eichenwickler oder Kiefernspanner berüchtigt. Doch im Garten richten die hübschen Tiere kaum Schaden an. Wenn die Raupen wachsen, wird ihnen die Haut irgendwann zu eng und sie müssen sie abstreifen. Die Raupen des Pfauenauges machen das in vier Wochen drei- bis viermal. Anschließend erfolgt die spannendste Phase im Leben des Schmetterlings: die Verwandlung von der eher unansehnlichen Raupe zum wunderschönen Schmetterling. Diese Zwischenphase von zwei Wochen durchlebt das Tier als „Puppe" kopfüber an einem Zweig hängend. Bei allen Edelfaltern kommen die „Stürzpuppen" vor, bei anderen Familien gibt es stehende oder in der Gürtelmitte gehaltene Puppen. Die Falter, die man ab Juni sieht, sind die im selben Jahr geschlüpften Tiere. Sie leben anschließend nur bis Oktober. Die zweite Generation im Jahr, die ab August schlüpft, überwintert dagegen als Schmetterling in Höhlen, Baumritzen oder Dachböden. Sie sieht man in warmen Jahren bereits ab März fliegen. Diese zweite Generation kam früher nur in sehr warmen Regionen vor. Dass es heute auch in Deutschland keine Ausnahme mehr ist, gilt als untrügliches Zeichen für den fortschreitenden Klimawandel.

So können Sie dem Schmetterling helfen

Rund zwei Drittel der in Deutschland lebenden Schmetterlingsarten gelten als gefährdet, teilt der Bund für Umwelt und Naturschutz (BUND) mit. Das liegt vor allem daran, dass die Lebensräume für die Raupen weniger werden. Wenn Sie im Garten etwas für die Tiere tun wollen, ist eine bunte Vielfalt gefragt. Dazu gehört, immer einige Brennnesseln stehen zu lassen. Welche Pflanzen Sie noch wählen und wie Sie auch ohne Garten schon auf dem Balkon helfen können, zeigt die sehr ausführliche BUND-Broschüre „Schmetterlinge schützen".
Sie können diese im Internet kostenlos herunterladen unter der Adresse www.bund.net

Auch die Sielmann-Stiftung empfiehlt schmetterlingsfreundliche Pflanzen wie Krokus, Sommerflieder, Blaukissen, Fetthenne, Herbstaster oder Lavendel. Für die Raupen wichtig sind Brennnesseln, Klee, Veilchen oder Brombeere.

Tipp: Verzichten Sie auf Torf im Garten, weil sonst der Abbau der Moore voranschreitet. Moore sind ein wertvoller Lebensraum für Schmetterlinge.

Sommergast mit Stalldrang

Ab Mitte April erfreut uns die Rauchschwalbe mit ihrem unaufhörlichen Gezwitscher und tollen Flugmanövern. Mit feuchten Stellen im Garten können Sie dem Langstreckenflieger beim Nestbau helfen.

Wenn Mitte April plötzlich vom Dachfirst oder einer Stromleitung ein nahezu ununterbrochenes Gezwitscher ertönt oder schwarze Pfeile mit ihren „Witt-Witt"-Rufen quer über den Himmel schießen, sind sie da: die **Rauchschwalben** *(Hirundo rustica)*. Kurz nach den Rauchschwalben treffen auch in einigen Regionen die **Mehlschwalben** *(Delichon urbica)* ein. Ihre Ankunftszeit variiert laut NABU von Jahr zu Jahr, da der Flug aus dem Winterquartier zu uns auch durch die jeweilige Wetterlage auf dem Zugweg beeinflusst wird. Die ersten Rauchschwalben können schon Ende März gesichtet werden, die Hauptankunftszeit der Mehlschwalben liegt zwischen Mitte April und Mitte Mai. Als Sommergäste bleiben sie bis Ende September bei uns. Dann sammeln sie sich und starten den Rückflug nach Afrika.

Typische Merkmale

Einschließlich Schwanz ist die Schwalbe bis zu 19 cm lang. Typisch ist der tief gegabelte Schwanz. Die Oberseite ist blauschwarz, fast metallisch glänzend. Stirn und Kehle sind kastanienbraun. Der Unterkörper dagegen ist weiß bis gelblich. Die Mehlschwalbe dagegen ist mit 13 bis 15 cm etwas kleiner und kompakter als die Rauchschwalbe. Der kurze Schwanz ist breit gegabelt. Oberseite und Flügel sind schwarz, Kopf und Rücken glänzen metallisch blau. Die Unterseite leuchtet weiß. Mit der Rauchschwalbe teilt sich die Mehlschwalbe zwar bei der Futtersuche einen Lebensraum, beide Arten nisten aber an unterschiedlichen Orten. Die Mehlschwalbe baut ihre Nester direkt an Felswänden oder höheren Gebäuden. Daher ist sie eher in Städten und Kleinstädten unterwegs als in der offenen Landschaft oder in kleinen Dörfern. Die Rauchschwalbe ist leicht mit der „Turmschwalbe" zu verwechseln. Gemeint ist der **Mauersegler** *(Apus apus)*. Mit 17,5 bis 18 cm ist er ähnlich groß. Auch er baut Nester in Mauerspalten oder dicht unterm Dach. Das Gefieder ist aber überwiegend dunkelbraun bis rußschwarz. Auffällig bei ihm sind die sichelförmigen Flügel und der Ruf, ein sehr hohes „Sriih". Zudem fehlen bei ihm die Schwanzspieße, die bei der Rauchschwalbe typisch sind. Der Mauersegler ist im Übrigen kein Singvogel, sondern gehört zu der Familie der Segler.

In der Nähe des Menschen

Der Name „Rauchschwalbe" soll aus der Angewohnheit der Schwalben entstanden sein, ihr Nest in der bäuerlichen Küche nahe am Kamin zu bauen. Sie wurde früher auch als Schornstein- oder Küchenschwalbe bezeichnet. Der Zoologe Alfred Brehm nennt in „Brehms Tierleben" von 1867 auch die Namen „Land- oder Bauernschwalbe". Das passt: Rauchschwalben bauen ihre offenen Nester vornehmlich unter die Decken von Kuh- oder Schafställen, weil sie dort ein großes Angebot an Insekten finden und die Ställe nicht abgeriegelt sind. Daneben eignen sich die Balken mit rauer Oberfläche als Nistplatz. Wichtig ist der Rauchschwalbe, dass sich über dem Nest immer ein Balken, eine Decke oder ein Sims befindet, quasi als Dach darüber. Für den Nestbau verwendet sie neben Lehm und Ton auch Stroh aus den Ställen. Die lehmige Erde sammelt sie in Pfützen und verklebt sie mit Speichel zu einer festen Masse. Während die Mehlschwalbe geschlossene Nester aus ca. 1500 Lehmkügelchen errichtet, ist das Rauchschwalbennest napfförmig und oben offen. Die Bauzeit beträgt acht bis zwölf Tage. Nicht jedes Nest baut die Schwalbe neu: Dank ihres ausgezeichneten Gedächtnisses kehrt sie meist zu ihrem Nest vom Vorjahr zurück. Die Brutzeit beginnt im Mai. Je nach Saison sind zwei bis drei Bruten möglich. Das Weibchen brütet etwa zwei Wochen allein auf den bis zu fünf rotbraun gesprenkelten Eiern. Nach dem Schlüpfen werden die Kleinen drei Wochen lang von Mutter und Vater gefüttert, vor allem mit Fliegen und Mücken. Zum Abflug lassen sich die tollkühnen Flieger vom Rand des Nestes fallen und schießen dann pfeilschnell durch offene Fenster oder durch kleine Öffnungen in der Wand. Zu tun haben sie reichlich: Zur Aufzucht einer Schwalbenbrut sind etwa 120 000 Fliegen und Mücken erforderlich. Damit auch eine dritte Brut noch rechtzeitig vor dem Abflug in wärmere Gefilde aufgezogen werden kann, darf es keinen Dauerregen geben. Denn da fliegen keine Insekten. In so einem Fall müssen die kleinen Schwalben jämmerlich im Nest verhungern.

Viel Zeit in der Luft

Im Flug jagt die Schwalbe Fliegen und Mücken, aber auch kleine Käfer. Sie trinkt und badet ebenfalls in der Luft. Dabei fliegt sie knapp über der Wasseroberfläche und lässt sich kurz ins Wasser herabsinken. Sie schießt schlank wie ein Torpedo durch die Luft, kann im Sturzflug auf die Erde zu rasen und sich im letzten Moment nach oben abfangen. Die spitzen Flügel sorgen mit dem gegabelten Schwanz für die nötige Geschwindigkeit. Die Rauchschwalbe fliegt bis zu 20 m/Sekunde bei vier bis zehn Flügelschlägen. Zwar entgeht der kühne Flieger vielen Feinden. Aber es gibt einige Falken, die selbst die schnelle Schwalbe zu fangen wissen. Außerdem stellen Katzen, Marder, Wiesel, Ratten und Mäuse der Brut und den noch ungeschickten Jungen nach. Die Schwalbe gilt als Meteorologe. Denn steht Regen bevor, fällt der Luftdruck. Kleine Insekten weichen daher Richtung Bodennähe aus. Entsprechend tief geht die Schwalbe auf die Jagd. Im August sammeln sich die Vögel auf Stromleitungen, Dächern oder Ästen zu großen Zuggesellschaften. Bei ihrem Zug gibt es zwei Strömungen: Die einen fliegen über Spanien und Gibraltar in die westliche Hälfte Afrikas. Die anderen überfliegen die italienische Halbinsel und verbleiben in Afrikas Osten. Im Herbst 2008 legte eine erst sechs Monate alte Rauchschwalbe bei ihrem Flug ins Winterquartier von Südfinnland nach Südafrika die Rekordstrecke von 10 000 km zurück. Die Reisegeschwindigkeit der Rauchschwalbe liegt dabei bei 44 km/h, haben Messungen ergeben.

Frühlingsbote und Glücksbringer

„Und nicht bloß der Bauer, sondern auch der Dichter hat sich vom Schwalbenliede begeistern lassen", heißt es in „Brehms Tierleben" von 1867. Weiter schreibt der Zoologe: „Nicht nur der Klang aus dem Schwalbenmunde allein, auch das Wesen und Betragen des Vogels hat ihm die Zuneigung des Menschen erworben. Die Schwalben sind nicht bloß heiter, gesellig, verträglich, sondern auch klug und verständig, nicht bloß dreist, sondern auch mutig."

Schwalben sind nicht nur als Frühlingsboten beliebt, sondern wurden früher auch als Glücksbringer angesehen. „Wo Schwalben nisten, wohnt das Glück", heißt es. Der Spruch „Eine Schwalbe macht noch keinen Sommer" ist die Warnung, keine voreiligen Schlüsse zu ziehen. Der Spruch hat einen wahren Hintergrund: In der Tat kann sich die Ankunft der Schwalben über Wochen hinziehen.

„Schwalbe sucht Dorf"

Der Bestand an Rauch- oder Mehlschwalben geht seit Jahren zurück. Gründe sind der Mangel an Nahrung, Nistmaterial und Nistplätzen. „Aus dem Mangel an feuchten Lehm- und Erdböden folgt, dass die Nester der Rauch- und Mehlschwalben teilweise nicht richtig fertig gebaut werden können. Sie sind instabil und drohen, auseinanderzubrechen. Dadurch sind nicht nur die Jungvögel in Gefahr, die Nester halten den Witterungsbedingungen auch weniger stand und werden im nächsten Jahr eventuell nicht mehr vorhanden sein", schreibt der bayerische Landesbund für Vogelschutz (LBV). Wer einen eigenen Garten hat, sollte laut LBV eine eigene kleine Pfütze anlegen. „Halten Sie diese im Mai und Juni immer feucht, um die Schwalben gerade in der Bauzeit mit Material zu versorgen. Wenn Ihr Boden eher sandig ist, empfiehlt sich, lehmiges Material in die Pfütze zu legen", rät der LBV. Alternativ könnten Sie einfach eine Schale mit lehmhaltigem Material anbieten.

Auch zum Schwalbenschutz haben die Kulturlandschaftstiftungen im Jahr 2011 das Projekt „Schwalbe sucht Dorf" ins Leben gerufen. Hier finden Sie Bauanleitungen für Nisthilfen und weitere Tipps, wie man Schwalben aktiv unterstützen kann: www.rheinische-kulturlandschaft.de

Pro m² Boden bewegen die fleißigen Regenwürmer bis zu 12 kg Erde.

Erdfresser mit großem Nutzen

Der Regenwurm ist enorm wichtig für das ökologische Gleichgewicht: Als Humusbildner sorgt er für guten Boden.

Wenn im Herbst das Laub von den Bäumen fällt und man es im Garten mit dem Rechen zusammenharkt, fallen einige Blätter auf, die senkrecht in der Erde stecken. Nicht etwa die Schwerkraft hat sie in den Boden gerammt. Sie wurden gezogen: von einem fleißigen Regenwurm. Dabei saugt dieser sich mit dem Kopf an einem Blatt fest und zieht es nach und nach in die von ihm gegrabene Röhre. Der Speichel des Wurms sorgt im Zusammenspiel mit den auf dem Blatt anhaftenden Bakterien und Pilzen dafür, dass das Blattgewebe zersetzt wird. Denn kauen kann der zahnlose Wurm das Blatt nicht.

Vor allem Tau- und Mistwürmer

Der Regenwurm ist ein allgemeiner Begriff für die Familie der *Lumbriciden*, zu denen weltweit etwa 1 700 Arten zählen. Bei uns gibt es mehr als 40 davon. Der Name hat nichts mit Regen zu tun, sondern geht auf die Bezeichnung „reger Wurm" aus dem 16. Jahrhundert zurück. Damit beschrieben die Menschen seine Eigenschaft, dass er ständig arbeitet und frisst. Denn ein Regenwurm vertilgt am Tag ungefähr die Hälfte seines Körpergewichts. Wenn man bei uns einen „Regenwurm" sieht, ist es meist der **Gemeine Regenwurm** *(Lumbricus terrestris)*, auch Tauwurm genannt. Er kann eine Länge von 12 bis 30 cm erreichen. Sein Vorderkörper zeigt auf dem Rücken eine rot- bis braunviolette Färbung. Das Hinterteil ist abgeflacht und blass. Er gräbt bis zu 3 m tiefe Gänge. Als „Mistwurm" wird der 6 bis 14 cm lange *Eisenia fetida* bezeichnet, der gern in Kompost- oder Misthaufen lebt und auch sehr oft vorkommt. Er ist rot mit gelblichen Ringen um den Körper. Leuchtend rotbraun bis violett gefärbt und bis 15 cm lang ist der *Lumbricus rubellus*, ein ausgesprochener Humusliebhaber. Er kommt in der Spreu von

Wäldern oder im Wiesenboden genauso vor wie im Komposthaufen. Der *Lumbricus castaneus* ist nur 8 cm lang und kastanienbraun bis braunviolett.

Ziehen und Strecken

Der Regenwurm gehört zu den „Ringelwürmern". Er besteht aus vielen Segmenten, die mit Borsten besetzt sind. Damit hält er sich beim Kriechen im Boden fest. Der NABU beschreibt den Regenwurm als elastischen Schlauch, der mit Wasser gefüllt und von Längs- und Ringmuskeln umgegeben ist. Zieht er die Ringmuskeln zusammen, wird der Wurm dünn und lang, während ihn die Kontraktion der Längsmuskeln dick und kurz macht. So kann er sich abwechselnd strecken und zusammenziehen und kriecht auf diese Weise vorwärts. Dabei kann er eine schier unglaubliche Kraft entwickeln: Er stemmt das 50- bis 60-fache seines eigenen Körpergewichts beim Graben. Seine Gänge können pro m^2 Boden bis zu 20 m lang sein.

Stollenbauer und Mixer

Er lebt in Gängen, die er sich in den Boden hineinfrisst. Die Tiefe, in der der Wurm lebt, hängt zum einen von der Art ab, zum anderen vom Bodentyp und der Feuchtigkeit. Sie kann zwischen 50 cm und 8 m liegen. Der Wurm legt zwei verschiedene Gänge an: Die einen durchziehen die humusreiche Oberschicht kreuz und quer. Die anderen führen senkrecht nach unten, manchmal bis kurz über den Grundwasserspiegel. Am Ende sind die Gänge höhlenartig erweitert. Diese dienen dem Regenwurm als Rückzugsgebiete, in denen er ungünstige Witterungen überdauern kann wie längere Kälteperioden oder Trockenheit. Damit der Wurm nicht austrocknet oder erfriert, verschließt er diese kleinen Höhlen mit Kot. Die Aktivität des Wurms hat viele positive Effekte: Er lockert den Boden, sorgt für eine krümelige Struktur und dafür, dass

Luft und Wasser gut eindringen können. Außerdem verändert er den Boden mithilfe des Magen- und Darmsaftes auch chemisch. Gleichzeitig durchmischt er organische und mineralische Bestandteile. Je Hektar kommen im Waldboden ca. 60 000 Würmer vor, im Grünland können es 7 bis 20 Millionen Würmer sein. Pro m^2 können sie bis zu 12 kg Erde verlagern.

Männchen und Weibchen zugleich

Es gibt keine Männchen oder Weibchen. Die Würmer sind Zwitter, die sich gegenseitig befruchten. Im vorderen Teil des Wurms befindet sich ein Gürtel in Form einer hellen Verdickung. Darin reifen Eizellen in einer Schleimmanschette heran. Der Wurm streift im Boden diesen Schleimring ab. Dabei werden die Eizellen von den Samen aus einer Samentasche befruchtet. Aus der Schleimmanschette entsteht ein etwa weizenkorngroßer, zitronenförmiger Kokon. Darin wachsen die kleinen Würmer heran, die nach einigen Wochen schlüpfen. Je nach Bodentemperatur kann es auch mehrere Monate dauern. Da sich die Kompostwürmer mehrmals im Jahr paaren und jeder Kokon etwa elf Eier enthält, hat jeder geschlechtsreife Wurm pro Jahr nahezu 300 Nachkommen. Der Tauwurm ist nicht so produktiv, er kommt auf etwa zehn Nachkommen pro Jahr. Ein Wurm wird in der Regel zwei Jahre alt. Es ist ein Märchen, dass aus einem in der Mitte zerteilten Regenwurm zwei neue werden. Bei der Verletzung überlebt nur das Vorderende mit den lebenswichtigen Organen – vorausgesetzt, der Darm ist noch lang genug und das verletzte Tier zieht sich keine tödliche Infektion durch Bakterien oder Pilze zu.

Weil Spinnen Blattläuse, Mücken, Wespen und Ernteschädlinge wie Kartoffelkäfer fangen, gelten sie als nützlich.

Am seidenen Faden

Rund 60 Minuten braucht die Gartenkreuzspinne, um ihr faszinierendes Netz zu weben. Die Einzelgängerin ist eine geschickte Jägerin und verspeist auch mal einen Gatten.

Leicht zittert es im Netz: Eine Fliege hat sich in den klebrigen Fäden verheddert. Krampfhaft versucht sie, sich zu befreien. Doch die hauchzarten Fesseln sind stabil wie Drahtseile. Und schon taucht hinter einem Blatt die Jägerin auf: eine **Gartenkreuzspinne** *(Araneus diadematus)*. Sie lebt in Gärten, Gebüschen oder in lichten Nadelwäldern.

Helles Kreuz auf dem Rücken

Ihren Namen hat sie von ihrer Färbung, die wie ein Kreuz aussieht: vier längliche Flecken und ein kreisrunder in der Mitte. Die Flecken sind hell gefärbt und setzen sich deutlich vom braun-grauen Untergrund ab.

Faden aus Eiweiß

Die Kreuzspinne zählt zu den Radspinnen, da sie ein senkrechtes, rundes Netz spinnt. Sie wird 5 bis 18 mm groß und gehört damit zu den größten einheimischen Spinnen in Deutschland. Das Weibchen ist unge-

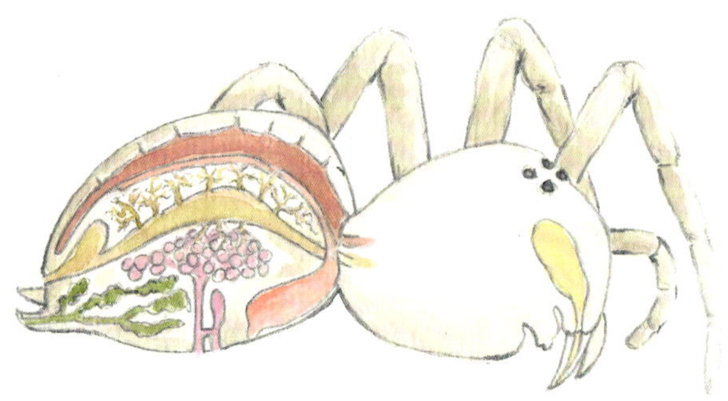

Im Hinterleib der Spinne befinden sich die Spinndrüsen, mit denen sie die Fäden erzeugt.

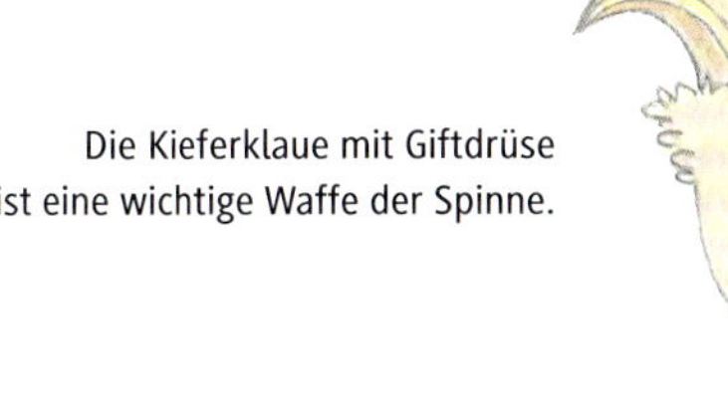

Die Kieferklaue mit Giftdrüse ist eine wichtige Waffe der Spinne.

fähr dreimal so groß wie das Männchen. Nur die Weibchen bauen ein Netz. Die Männchen streifen nach der Geschlechtsreife umher. In Spinndrüsen im Hinterleib entwickelt sich eine Flüssigkeit aus verschiedenen Eiweißstoffen, die unter Zutritt der Luft zu einem zähen, trockenen oder klebrigen Faden erhärtet – in ähnlicher Weise wie der aus der Unterlippe der Schmetterlingsraupen heraustretende Seidenfaden. Der Spinnstoff kommt aus zahlreichen mikroskopischen Löchern, die die sechs Spinnwarzen übersäen.

Markantes Netz

Das Netz baut die Kreuzspinne meist da auf, wo viele Fliegen oder Mücken zu erwarten sind, also u. a. an Gräben oder Seen. Von der Mitte gehen strahlförmige Fäden aus, die den Speichen eines Rades gleichen. Dazwischen zieht sie konzentrische, spiralförmige Fäden von Speiche zu Speiche. Das Netz hängt meist an einem Querfaden, den sie wie ein straffes Seil zwischen zwei Bäumen oder anderen festen Gegenständen spannt. Interessant ist, wie sie zum Aufspannen die gegenüberliegende Stütze erreicht: In „Brehms Tierleben" ist von einer Beobachtung die Rede, dass eine Kreuzspinne – einen Faden hinter sich herziehend – an der einen Stütze herunter und an der anderen wieder hochgeklettert ist.

Eine andere Theorie ist, dass sie sich an einem Faden herablässt und hin- und herschwingt, bis sie die gegenüberliegende Stütze erreicht hat. Es gibt auch Spinnen, die aus ihren Warzen Fäden herausschießen können. Auch die Kreuzspinne erzeugt bisweilen einen „Flugfaden", der sich mithilfe des Windes an einem anderen Ast verfängt. Auf diesem ersten Faden kriecht sie zurück bis etwa zur Mitte. Dabei produziert sie einen neuen Faden, klebt ihn an dem „Halteseil" fest, seilt sich an dem zweiten Faden ab und verankert das Ende wieder an einem festen Gegenstand. Dieses Y-förmige Grundgerüst ist immer der Anfang. Dann klettert sie an diesem wieder hoch, während sie erneut einen Faden hinter sich herzieht. Auf diese Weise produziert die Kreuzspinne erst den Rand des Netzes und dann die Speichen. Anschließend beginnt sie mit der Hilfsspirale: Von der Mitte aus webt sie kreisförmige Verbindungen der Speichen. Von außen beginnend, legt sie danach die eigentliche Fangspirale an. Dabei scheidet sie einen klebrigen Faden aus, an dem sich Insekten mit Beinen und Flügeln verfangen sollen. Dieser ist mit kleinen Leimtröpfchen versehen.

Das Netz entsteht nach einem festen Ablauf. Zuerst spannt die Spinne Fäden zwischen festen Gegenständen auf.

Während dieser Arbeit frisst sie die Hilfsspirale wieder auf. Der Bau des Netzes dauert zwischen 30 und 60 Minuten.

Warten auf dem Signalfaden

Die Spinne wartet in einem Versteck auf einem Faden sitzend auf ihre Beute. Der Faden führt zur Mitte des Netzes. Verfängt sich ein Beutetier, bekommt es die Jägerin durch diesen „Signalfaden" mit und kann zur Tat schreiten. Hat sie ein Tier, wie z. B. eine Fliege, gefangen, gibt es verschiedene Reaktionen:

- Bei großem Hunger beißt und verspeist sie es sofort.
- Sie tötet die Beute durch einen Biss mit den Kieferklauen, die die Ausführgänge der Giftdrüsen enthalten. Dann spinnt sie den Leichnam ein, indem sie die Beute schnell dreht und dabei mit einem Spinnfaden umwickelt. Dann lässt sie diese an Ort und Stelle als Vorrat hängen.
- Sie bringt die eingewickelte Beute an einen sicheren Ort und verspeist sie dort.

Wenn die Speichen fertig sind, folgt erst die Hilfsspirale und abschließend die Fangspirale mit klebrigen Fäden.

Spinnen können die Beute nicht herkömmlich „fressen". Aus ihrem Darmtrakt scheidet die Jägerin über der Beute Verdauungssaft aus. Dieser löst die Gewebeteile des toten Tieres auf, sodass die Spinne sie als flüssige Nahrung aufnehmen kann. Übrigens: Mit den Kieferklauen kann die Spinne auch die menschliche Haut durchdringen. Das Gift hat zwar keine langfristigen Folgen, aber ein Biss ist zu vergleichen mit einem Mückenstich.

Gefährliches Liebesspiel

Im Herbst beginnt die Paarungszeit. Dabei müssen die um einiges kleineren Männchen sehr vorsichtig sein: Manchmal ist der Beutetrieb des Weibchens größer als sein Fortpflanzungswille, sodass so mancher Freier im Vorratskokon der Angebeteten landet. Die Werbung beginnt so: Vorsichtig zupft das Männchen teilweise bis zu einer Stunde lang am Netz der vermeintlichen Braut. Ist sie paarungsbereit, kriecht sie ihm auf dem Netz entgegen. Nach der Begattung ziehen beide wieder ihres Weges. Noch vor dem Winter bringt das Weibchen ihr Eiersäckchen mit 40 bis 50 Eiern an einen geschützten Ort. Während die Spinnenmutter meist vor dem Winter eingeht, überleben die Jungen die kalten Monate in einem geschützten Kokon aus Spinnfäden. Sie schlüpfen Anfang Mai. Im Laufe des Wachstums häuten sich die Tiere mehrmals. Denn sie besitzen ein Außenskelett aus Chitin, das nicht mitwächst. Die erwachsenen Tiere trennen sich. Denn Spinnen sind Einzelgänger und sind sich untereinander „spinnefeind". Sie überwintern noch einmal und sind nach einem Jahr geschlechtsreif. Im ersten Jahr können sie noch keine stabilen Netze bauen. In der Zeit ernähren sie sich von kleinen Tieren wie Blattläusen. Im zweiten Jahr dagegen können auch sie das typische Rad weben und der Zyklus beginnt von Neuem.

Wissenswertes zur Spinne

Für ihr Netz produziert die Kreuzspinne etwa 20 m Faden.

Bezogen auf ihr Gewicht ist die Spinnenseide viermal so belastbar wie Stahl. Sie kann um das Dreifache gelängt werden, ohne zu reißen.

Die Kreuzspinne ist keine gefährdete Art. Die Deutsche Wildtierstiftung empfiehlt trotzdem, immer auch eine natürliche „unaufgeräumte" Ecke im Garten stehen zu lassen, um Lebensraum für Kreuzspinnen zu schaffen.

Auf den Einsatz von Pestiziden sollten Sie verzichten.

Im Spätsommer sind Baldachinspinnen auf ihren Flugfäden unterwegs und werden oft Kilometer durch die Luft getragen. Wenn sich die Fäden in Wiesen oder an Sträuchern verfangen, erinnern sie an graue Haare älterer Menschen. Daher stammt der Begriff „Altweibersommer."

Spinnen lösen außergewöhnlich häufig Ängste beim Menschen aus. Wird diese Angst krankhaft, z. B. wenn man sich aus Angst vor Spinnen nicht mehr in den Keller traut, spricht man von einer Phobie.

Phobien sind heilbar, z. B. durch eine Therapie.

Psychologen rätseln immer noch, warum gerade Spinnen so starke Gefühle wie Ekel oder Angst erzeugen.

Tipp: Lassen Sie auch Grasränder an Mauern stehen. Asthaufen, Brennholzstapel und Steinhaufen bieten Nistplätze und Verstecke.

Putziges Wesen mit großen Augen

Die Waldmaus ist eine typische Vertreterin von Kleinsäugern in unseren Gärten. Da sie im Winter auch in Gartenhäuser, Schuppen oder sogar auf dem Dachboden einzieht, könnte man sie leicht mit der Hausmaus verwechseln. Dabei hat sie viele Unterscheidungsmerkmale.

Wenn es im Laubhaufen raschelt oder sich eine kleine Nase aus einem Erdloch schiebt, handelt es sich wahrscheinlich um eine **Waldmaus** *(Apodemus sylvaticus)*. Anders als der Name vermuten lässt, kommt sie nicht unbedingt nur im Wald vor, sondern auch an Waldrändern und in Gärten. Ebenso trifft man sie nach der Ernte in Getreidekulturen. Wie die Feld- oder Rötelmaus, gräbt sie Erdbauten. Im Winter zieht sie auch schon mal in Gartenhäuser, Schuppen oder Häuser ein und ist hier vor allem auf dem Dachboden vertreten. Die mit ihr eng verwandte **Gelbhalsmaus** *(Apodemus flavicollis)* ist eine typische Bewohnerin von Vogelnistkästen. Bis auf das Aussehen haben Wald-, Haus-, Feld- und Gelbhalsmaus viel gemeinsam.

Tipp: Schneiden und mähen Sie im Garten nicht mehr als nötig, vor allem nicht unter Hecken.

Große Ohren und Augen

Auffällig anders als bei der Hausmaus sind bei der Waldmaus die großen Ohren. Sie sind so lang wie der halbe Kopf und ein Zeichen für gutes Hörvermögen. Die großen schwarzen Augen und die langen Schnurrhaare verleihen ihr ein putziges Aussehen, helfen aber auch bei der Orientierung im Dunkeln. Auch das Fell unterschiedet sich von der grauen Hausmaus: Es ist eher gelb- bis rötlich-braun mit einer weißen Unterseite und einem kleinen gelben Längsfleck auf der Kehle. Das unterscheidet sie von der ähnlich aussehenden Gelbhalsmaus, die ein durchgezogenes gelbes Band auf der Brust besitzt. Der Schwanz der Waldmaus ist zweifarbig mit heller Unterseite. Er ist kürzer als der Körper und – anders als bei der Hausmaus – leicht behaart.

Tipp: Wie Spechte profitieren auch die Bilche von Totholzbäumen mit Baumhöhlen.

Typische Vorratskammern

Die Allesfresserin verspeist Insekten, Würmer, Schnecken, Obst, Nüsse, Eicheln und Bucheckern. Bei der tierischen Kost verschmäht sie auch Vogeleier und Jungvögel nicht. Die Waldmaus legt sich einen Wintervorrat an. Dabei verraten bestimmte Spuren ihre Anwesenheit: Fichtenzapfen nagt sie sauber von der Spindel ab und lässt nur wenige Schuppen an der Spitze übrig. Haselnüsse oder Eicheln zeigen ein unregelmäßiges Loch, das die Waldmaus hineingenagt hat. Wegen ihrer Vorliebe für Sämereien trägt auch die Waldmaus (genau wie Eichelhäher und Eichhörnchen) zur Verbreitung von Samen und damit zur Waldverjüngung bei. So sind z. B. die Samen von Erdbeeren, Blaubeeren und Preiselbeeren im Kot der Waldmaus noch keimfähig. Auch mit dem Anlegen von Vorratskammern soll sie zur Verbreitung von Sämereien beitragen. Im Winter zehrt die Waldmaus von diesen Vorräten, besucht aber schon mal Vogelfutterhäuser. Ansonsten kann die Waldmaus ihren Stoffwechsel in kalten und nahrungsarmen Tagen drosseln und in eine Art Kältestarre verfallen.

Bau unter Tage

Die Waldmaus ist sehr gewandt, kann gut klettern, sicher schwimmen und weit springen – bis zu 80 cm mit einem Satz. Sie bewegt sich im Schnitt mit 1,4 bis 3,4 m/Minute und legt in einer Nacht bis zu 1200 m zurück. Die Waldmaus errichtet in der Regel einen unterirdischen Bau. Dabei rammt sie die unteren Schneidezähne in die Erde, schiebt diese mit den Vorderbeinen unter den Bauch und schleudert sie anschließend mit den Hinterfüßen weg. Größe, Tiefe und Gestalt des Baus hängen von der Bodenbeschaffenheit ab. In der Regel ist er bis zu 50 cm tief mit einer Länge von rund 2,5 m. Er besteht aus einer 15 cm langen und mit Blättern und Moos ausgekleideten Kammer mit zwei bis sechs gut versteckten Eingängen. Damit der Wind nicht ungeschützt in die Kammer zieht, besitzen die Zugänge eine Biegung.

Ist viel Laub und anderes Deckungsmaterial vorhanden, kann der Bau durchaus an der Oberfläche liegen, auch in Hohlräumen von morschem Holz. Im Bau befindet sich immer eine Vorratskammer. Wie Untersuchungen zeigen, orientiert sich die Waldmaus am Erdmagnetfeld. Daher kann sie selbst bei dichter Vegetation immer direkt zu den Baueingängen zurückfinden. Die Waldmaus wirft jährlich zwei- oder dreimal vier bis sechs Junge und zieht sie auch in diesem Bau groß.

Tipp: Komposthaufen sollten für Spitzmäuse zugänglich sein. In ihnen entwickeln sich viele Nahrungstiere wie Regenwürmer, Spinnen und Asseln.

Spezielle Verteidigung

Die Waldmaus selbst ist ein Leckerbissen für Katzen, Füchse, Marder, Wildschweine, Greifvögel und vor allem Eulen wie die Schleier oder Waldeule, den Raufußkauz, die Waldohreule und den Uhu. Denn Eulen und Waldmaus sind beide dämmerungs- und nachtaktiv. Weil der Urin der Waldmaus ultraviolettes Licht reflektiert, können die Greifer sie im Versteck aufstöbern. Bei Gefahr kann sich die Maus schnell ins Erdreich eingraben. Eine weitere Besonderheit ist, dass die Waldmaus ihre Schwanzhaut bei Gefahr abstreifen kann, als würde sie ein Schwert aus der Scheide ziehen. Dieses Phänomen gibt es bei einigen Nagern mit langen Schwänzen, die sich damit Feinden entziehen, die sie am Schwanz fassen.

Tipp: Einheimische Sträucher mit Früchten sind Nahrungsquellen. Bieten Sie dazu auch Wasserstellen an.

Was raschelt da?

Im Garten können außer der Waldmaus noch andere kleine Tiere leben. Sie haben zwar alle etwa die gleiche Größe und haben oft „Maus" im Namen, sind aber längst nicht alle Nagetiere:

Rötelmaus *(Myodes glareolus)*
Sie hat eine kupferrote Färbung mit gräulichen Flanken und hellgrauer bis gelblich-grauer Unterseide. Der Körper ist 7 bis 13 cm lang, der Schwanz 3,5 bis 7 cm mit einem Haarpinsel am Ende. Die Rötelmaus gehört wie die Feldmaus oder die Schermaus zu den Wühlmäusen. Kommt sie mit der Waldmaus gemeinsam vor, ist die Rötelmaus mehr am Tag zu sehen.

Gartenspitzmaus *(Crocidura suaveolens)*
Der Körper ist 5 bis 6 cm lang, der Schwanz 3 bis 3,7 cm. Der Rücken ist grau gefärbt, der Bauch hellgrau. Sie ist sehr klein und besitzt eine auffällig spitze Schnauze, kleine Augen und Ohren. Sie frisst ausschließlich Insekten, Asseln, Spinnen oder Regenwürmer. Nester aus Gras, Moos und Laub legt sie in Komposthaufen oder in Holzstapeln an. Neben der Gartenspitzmaus gibt es auch die Wald-, die Feld- und die Zwergspitzmaus. Die Spitzmäuse sind keine Nagetiere und nicht mit den Mäusen, sondern mit dem Maulwurf verwandt. Auffällig ist: Wie der Maulwurf haben auch Spitzmäuse einen strengen, moschusartigen Geruch. Darum fressen Katzen Spitzmäuse und Maulwürfe nicht und lassen erbeutete Tiere liegen.

Siebenschläfer *(Glis glis)*
Er gehört wie die Haselmaus oder der Baum- und der Gartenschläfer zu den Bilchen. Das ist eine Familie, die auch zu den Nagetieren zählt. Mit saugnapfartigen Fußsohlen und Haftzehen sind Bilche ausgezeichnete Kletterer. Der Siebenschläfer ist 11 bis 20 cm groß, der Schwanz 10 bis 15 cm. Typische Merkmale sind ein graues Fell mit heller Unterseite, große Augen und Ohren sowie ein buschiger Schwanz. Er lebt in Bäumen, verschläft aber von Oktober bis Mai den Winter in einem Erdbau.

Haselmaus *(Muscardinus avellanarius)*
Der Körper ist 8 bis 9 cm lang, der Schwanz 5 bis 8 cm. Der Rücken ist orangebraun mit gelbem bis goldenem Einschlag, die Unterseite cremegelb. Der Schwanz ist dicht behaart. Sie ist nachtaktiv und baut Kugelnester.

Unheimliche Ruferin in der Nacht

Im Frühjahr und Sommer kann man immer wieder im gleichmäßigen Rhythmus das „Huw“ der Waldohreule hören. Wie die Schleiereule ist sie in Dörfern und Siedlungen zu Hause.

Wenn Mitte bis Ende Februar die Vogelschar langsam zu neuem Leben erwacht und die ersten Männchen um die Gunst der Vogelfrauen werben, sind die Balzrufe nicht nur früh morgens zu hören. In ruhigen Nächten erklingt auch – mit fast entnervender Eintönigkeit – alle zwei bis drei Sekunden ein „Huw". Es ist der Balzruf der **Waldohreule** *(Asio otus)*, den einige Ornithologen als dumpf-stöhnend beschreiben. Mit Glück kann man zusätzlich noch das Flügelschlagen hören. Denn der Eulenmann versucht auch damit, das auserwählte Weibchen zu beeindrucken.

Es gibt zehn Eulenarten, die hierzulande brüten. Am häufigsten kommt der Waldkauz vor, gefolgt von der Waldohreule. Sie wird wegen ihrer Federohren auch als kleiner Uhu bezeichnet. Sie ist 35 cm groß, während der stattliche Verwandte immerhin 70 cm erreichen kann. Die Flügelspannweite beträgt 95 cm.

Kein eigenes Nest

Die Waldohreule bewohnt gerne Wälder bzw. Waldränder, kommt aber auch auf Friedhöfen, in Stadtparks oder großen Gärten vor. Wichtig für sie ist die Nähe zu offenen Flächen. Diese sind ihr Jagdbezirk. Im Wald selbst jagt sie ungern, da sie dort in Konkurrenz zum stärkeren Waldkauz steht. Bei den Baumarten zieht sie Nadelbäume vor, weicht aber im Notfall auch auf Hecken oder kleinere Gehölzgruppen aus.

Tagsüber versteckt sie sich in hohen Bäumen. Wo sich eine Eule zum Brüten niederlässt, hängt davon ab, ob sie ein schon vorhandenes Nest findet. Denn die Waldohreule baut – wie viele andere Eulen – kein eigenes Nest, sondern bevorzugt verlassene Nistplätze anderer Vögel wie Elstern, Krähen, Tauben, Horste von Greifvögeln oder auch die Kobel von Eichhörnchen. Sie brütet ab März oder April, in einigen Jahren schafft sie teilweise auch zwei Bruten.

Ihre Zeit ist nachts

Eulen sind allgemein wenig auffällig gefärbt. Da sie tagsüber im Verborgenen schlafen, wären eine ins Auge springende Farbe oder ein prächtiges Muster eher schädlich. Das Gefieder der Waldohreule ist baumrindenfarbig. Sie hat orangegelbe Augen. Wie bei anderen Eulen auch, sind die Augen sehr lichtempfindlich. Damit kann sie auch bei schwachem Licht Beutetiere entdecken. Der vermeintlich starre Blick rührt daher, dass die Augäpfel mit den Schädelknochen verwachsen sind. Dafür können Eulen den Kopf um 270 Grad drehen, ohne dabei den Körper zu bewegen. Eulen haben ein sehr gutes Gehör. Ihre Gehörgänge liegen so weit auseinander, dass der Schall von Tönen, wie z. B. ein Mäusepfiff, nicht genau gleichzeitig in beide Ohren gelangt. Aus diesem winzigen Zeitunterschied kann das Eulengehirn die Schallrichtung bestimmen.

Lautlose Jagd

Die Flügel und Federn sind so geformt, dass die Eulen lautlos fliegen. Beispielsweise besitzen die Kanten der Handfedern winzige Zacken, die wie ein Kamm durch die Luft streichen. Sie sorgen dafür, dass die Luftströmung beim Flügelschlag nicht zu stark abreißt und dadurch keinen Laut erzeugt. Daher ist der Flügelschlag für die meisten Lebewesen nicht zu hören. Die Waldohreule verbringt etwa fünf bis sechs Stunden in der Nacht mit der aktiven Jagd. Diese beginnt in der Abenddämmerung. Nach zwei bis drei Stunden legt sie eine längere Ruhepause bis nach Mitternacht ein. Danach jagt sie weiter bis zur Morgendämmerung. Dabei fliegt sie geräuschlos sehr dicht über dem Boden und ortet potenzielle Beute mit den Ohren und den Augen. Hat sie etwas wahrgenommen, verharrt sie zunächst im Rüttelflug. Wie ein Falke fliegt sie dabei auf der Stelle, bevor sie die Beute ergreift. Auch das Ansitzen, bei dem die Eule von einem festen Platz aus nach Beute Ausschau hält, gehört zum Jagdverhalten. Hauptsächliche Beutetiere sind Mäuse wie Feldmäuse oder Wühlmäuse, weshalb die Waldohreule gern Grünland als Jagdbezirk wählt. Auch kleinere Singvögel, Fledermäuse, Insekten und Käfer stehen auf dem Speiseplan. Eine weitere Besonderheit vieler Eulen ist das etwa daumengroße, grau-schwarze „Gewölle", das man am Boden unter den typischen Sitzgelegenheiten oder Eulennistplätzen findet. Es besteht aus unverdaulichem Material wie Haaren, Knochen, Federn, Muschelschalenstücken oder Insektenpanzern, das die Eule wieder auswürgt. Denn Eulen schlingen die Beute meist unzerkaut herunter. Diese kleinen schwarzen Würste geben nicht nur Aufschluss über den Speiseplan des Jägers, sondern zeigen auch, welche Beutetierarten in der Gegend vorkommen. So hat das Naturkundliche Museum in Wien im Jahr 2022 die Gewölle von Waldohreulen ausgewertet, die neben dem Museum gebrütet haben. Darin fanden sich Reste vor allem von Waldmäusen und jungen Wanderratten, aber auch von Kleinvögeln und Fledermäusen. Zum Zerteilen der Beute haben Eulen wie Greifvögel Haken-Schnäbel. Mit scharfen Kanten und gebogener Spitze können sie die Beute töten und grob zerteilen.

Mythen und Sagen rund um Eulen

Eulen spielen seit jeher eine bedeutende Rolle in Mythen und Sagen. Wegen seines unheimlichen, schauerlichen Rufs und der Lebensweise in der Nacht galt der Uhu schon zu Zeiten der Römer als „Totenvogel". Sein Erscheinen bedeutete Tod, Krieg oder Hungersnot. Daher war die Eule nicht gern gesehen. Ebenso glaubte man, dass der Ruf des Waldkauzes, "Kuwitt", in Wirklichkeit "komm mit" lautet und deutete ihn als Totenruf. Der Kauz wurde damit als „Totenhuhn" abgestempelt und verfolgt. Im griechischen Altertum dagegen galten Eulen als Wahrzeichen der Weisheit. Daher war es überflüssig, „Eulen nach Athen zu tragen".

Ansonsten sorgen die Eulen selbst auch dafür, dass manche sie unheimlich finden: Schnabelklappern, dumpfes Heulen oder auch ein schrilles Quietschen wie bei der Schleiereule sind typische Geräusche von ihnen. Dazu kommt, dass man sie in der Dämmerung höchstens als schwarzen Schatten wahrnimmt.

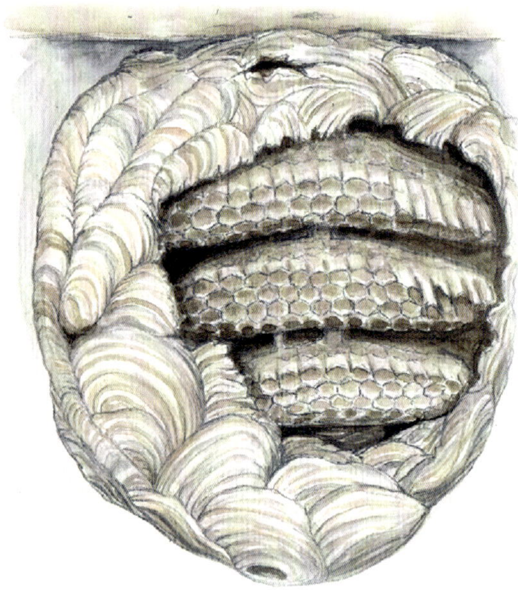

Die Farbunterschiede beim Wespennest entstehen, weil die Wespen beim Bau verschiedene Holzarten verwenden.

Palastbau-Profi

Anders als Bienen oder Hummeln, sind Wespen Fleischfresser. Sie nehmen aber auch gern Säfte aus überreifen Früchten auf. Nur wenige Arten werden auf der Suche nach Süßem lästig.

Die bei uns typischen Wespen sind die **Deutsche Wespe** *(Paravespula germanica)* und die **Gemeine Wespe** *(Paravespula vulgaris)*. Sie gehören zu den Faltenwespen. Der Name rührt daher, dass der Vorderflügel in Ruhestellung längs gefaltet ist. Beim Fliegen werden Vorder- und Hinterflügel durch Häkchen zusammengehalten und bilden eine einheitliche Fläche. Ein wichtiges Unterscheidungsmerkmal zu den Bienen: Ihr Körper ist so gut wie nicht behaart. Typisch ist auch der Einschnitt zwischen Brust und Hinterleib, die sprichwörtliche „Wespentaille". Die Deutsche Wespe besitzt auf dem Kopfschild drei schwarze Punkte im Dreieck. Dagegen hat die Gemeine Wespe hat auf dem Kopfschild unter den Augen einen schwarzen, nach unten verbreiterten Längsstreifen, der

Kopfschild der Deutschen Wespe:
drei schwarze Punkte

wie ein auf dem Kopf stehender Hammer aussieht. Mit ihrem kräftigen Oberkiefer kann die Wespe die tierische Beute zerteilen, Holzfasern abschaben oder das Nest bauen. Der Stachel der Faltenwespe ist im Körper fest verankert. Darum kann sie ihn nach dem Stich aus einem Insektenkörper oder der Haut von Menschen und Tieren wieder herausziehen. Wespen sind sehr angriffslustig, vor allem die in der Erde nistenden Arten der Deutschen und der Gemeinen Wespe, wenn man sich dem Nest nähert.

Tierische Kost

Die beiden typischen Wespenarten gehören zu den sozial lebenden Faltenwespen, auch wenn die Staaten nicht so groß und gut organisiert

Kopfschild der Gemeinen Wespe: umgedrehter Hammer

Tipp: Eine sehr umfangreiche Seite mit vielen Erklärungen zu den einzelnen Wespenarten, Bestimmungsmöglichkeiten etc. finden Sie unter www.aktion-wespenschutz.de

Viele Wespenarten

Die Wespenarten lassen sich nur schwer unterscheiden. Allerdings sind es vor allem die Deutsche und die Gemeine Wespe, die im Sommer auf der Suche nach Süßem auf der Terrasse lästig werden können.

Die **Sächsische Wespe** *(Dolichovespula saxonica)* ist eine friedliche Art, die nie an der Kaffeetafel zu sehen ist. Sie nistet bevorzugt auf Dachböden oder in Schuppen. Die kugeligen Nester hängen frei. Oft wird ihr Nest aus Unwissenheit zerstört. Dabei sticht sie nur, wenn sie sich bedroht fühlt.

Auch die **Feldwespe** *(Pollistes dominula)* ist nicht leicht von den anderen Arten zu unterscheiden. Sie lebt auf Wiesen und am Waldrand. Das Nest legt sie an einem Stängel oder auf einem Stein an.

Der **Bienenwolf** *(Philantus triangulum)* ist eine Grabwespe. Inzwischen ist die Art selten geworden. Er jagt an den Blüten nektarsuchende Bienen. Mit einem Stich lähmt er die Biene. Ist sie bewegungslos, drückt der Bienenwolf auf den Bauch der Beute, bis der süße Mageninhalt herausläuft. Diesen leckt der Jäger auf. Die Bienen bringt der Bienenwolf auch in sein Nest, eine bis zu 1 m lange Röhre in der Erde mit fünf bis sieben Kammern. Darin legt das Weibchen ihr Ei. Die ausschlüpfenden Larven ernähren sich im Folgenden von den Bienen. Da die Bienen nicht getötet werden, verdirbt die Nahrung nicht so schnell.

sind wie Völker von Bienen oder Ameisen. Jeder Staat hat eine Königin. Gegen Ende des Sommers schlüpfen die Jungköniginnen und werden im Herbst von je einem Männchen begattet. Dann bezieht die Königin ihr Winterquartier unter loser Rinde oder Moos, in morschen Bäumen, in Mauerritzen, Ställen oder sogar Wohnungen. Der Rest (alte Königin, Arbeiterinnen und Männchen) stirbt im Herbst ab. Im Frühjahr stärkt sich die Königin erst einige Tage mit Nektar und gründet dann das neue Volk. Als Nistplatz wählt sie Mäuse- oder Maulwurfsbauten, siedelt unter Dächern, lebt in Zwischenräumen an und in Gebäuden, Rollladenkästen und anderen dunklen Hohlräumen. Wespen beziehen ihre alten Nester nicht. Daher baut die Königin erst ein kleines Nest, in das sie ein paar Eier ablegt. Nachdem die Larven geschlüpft sind, werden sie von der Königin gefüttert. Die Nahrung besteht aus tierischer Kost, also meist anderen Insekten. Die Wespe tötet, zerstückelt und zerkaut sie, bevor sie den Brei an die Larven verfüttert. Untersuchungen haben gezeigt, dass 60 Wespen in einer Stunde fast 230 Fliegen getötet haben. Weitere Beutetiere sind Spinnen und andere Kleintiere. Damit gilt die Wespe als wichtige Regelgröße für die Artenvielfalt. Weil sie ebenso Aas vertilgt, kann man sie auch als „Gesundheitspolizei" unter den Insekten bezeichnen. Die Waben im Nest sind so angelegt, dass die Öffnungen außen liegen. So können die Larven von den erwachsenen Wespen gefüttert werden.

Nest aus Holz

Später führen die Arbeiterinnen den Nestbau fort. Dafür raspeln sie Holz ab, aber auch die Rinde von Zweigen, vertrocknete Kräuterstängel, trockene Blätter oder Moose. Das Baumaterial bestimmt die Farbe des Nestes:

- Graues Nest (z. B. von der Sächsischen oder der Deutschen Wespe): Basis ist verwittertes Holz, bei dem das Lignin ausgewaschen ist und

das nur noch aus Zellulose besteht. Graue Nester sind sehr widerstandsfähig gegen mechanische Eingriffe oder Witterungseinflüsse.
- Beiges oder braunes Nest (z. B. von der Gemeinen Wespe oder Hornisse): Es besteht aus morschem Holz, bei dem die Zellulose zersetzt ist und nur noch das Lignin bestehen bleibt. Diese Nester sind brüchiger und weniger widerstandsfähiger als die graue Variante.

Die Fasern für den Nestbau werden eingeklemmt zwischen Vorderbeinen und Oberkiefer zur Nestbaustelle getragen. Hier setzt sich die Wespe an die Kante der unvollständigen Wabe und befestigt mit ihren Mandibeln, also den Mundwerkzeugen, einen dünnen Streifen ihres Faserbreies. Mit dem Oberkiefer wird dieser fest mit dem vorhandenen Material verbunden. Verbaut die Wespe verschiedenes Material, ist das Nest gestreift. Am Ende entsteht ein Nest mit einer Hülle und den darin liegenden Waben aus einer Art grauem Papier. Es kann bis zu 50 cm Durchmesser erreichen.

Genaue Arbeitsteilung

Eine Wespen-Arbeiterin ist in den ersten neun Tagen zuständig für das Füttern der Larven. Anschließend trägt sie Nestbaumaterial und Wasser ein. Sie kann auch zur Nestverteidigung eingesetzt werden. Ab dem zwölften Tag etwa wechselt sie zum Team der Nahrungssammlerinnen. Danach ist sie bis zu ihrem Tode als Wächterin tätig. Auch Wespen haben Feinde. Der Wespenbussard, aber auch Vogelarten wie der Neuntöter und der Bienenfresser und andere lassen sich nicht vom Giftstachel abhalten. Auch der Dachs plündert gern nachts Wespennester. Sein Fell und die dicke Schwarte machen ihn unempfindlich gegen die Stiche der wütenden Nestbewohnerinnen. Weitere Feinde sind Spinnen.

Wespen auf dem Pflaumenkuchen – na und?

Wespen auf der Terrasse oder im Café gelten als lästig. Dabei gibt es einfache Verhaltensregeln, damit es keinen Stich gibt:

Wichtig ist Ruhe, kein hektisches Schlagen. Beobachtet man die Tiere ruhig, werden sie nicht versehentlich gequetscht und müssen sich nicht wehren.

Wespen sehen mehr als 200 Bilder pro Sekunde. Sie können wesentlich schneller reagieren als wir Menschen. Darum bringt es nichts, nach ihnen zu schlagen.

Schauen Sie in Gläser und Flaschen mit süßen oder alkoholischen Getränken, bevor Sie daraus trinken, und decken Sie diese ab. Aus Dosen sollte man nur mit Strohhalm trinken.

Kinder sollten draußen keine süßen Säfte trinken, da auch die Düfte aus dem Mund Wespen anziehen und Stiche im Mundbereich provozieren.

Wespen lernen, wo es Futter gibt. Darum bauen sie Orte, wo regelmäßig gegessen wird, in ihre Suchflüge ein. Marmeladengläser, Käse und Wurst sollte man abdecken bzw. nach Gebrauch schließen.

Nelkenöl gilt als Abwehrmittel. Ungeeignet sind dagegen Flaschen mit gären-
den Säften, weil darin nicht nur Wespen, sondern auch Honigbienen und Hornissen qualvoll sterben.

Mutiger Meistersinger

Ein schmetternder Gesang, ein lauter Warnruf und der aufrechte Schwanz sind typische Merkmale des Zaunkönigs. Er brütet an den unmöglichsten Stellen – auch in so manchem Geräteschuppen.

Einigen Gartenbesitzern fährt der Schreck in die Glieder, wenn beim Griff zum Spaten oder Besen im Geräteschuppen plötzlich ein hellbrauner Blitz mit lautem „Zeck-zeck" am Kopf vorbeisaust. Dann hat man wahrscheinlich einen **Zaunkönig** *(Troglodytes troglodytes)* zu Gast, der den Schuppen als Nistplatz auserkoren hat. Der Zaunkönig ist mit nur 9 cm Länge einer der kleinsten Vögel, die bei uns vorkommen. Im Sommer ist er besonders gut im Garten zu beobachten, weil er geschäftig durchs Gebüsch flitzt und gern seinen Warnruf „Zerr" oder auch „Zeck, zeck, zeck" ertönen lässt. Mit dem Ruf und seinem mutigen Auftreten kann er auch schon mal eine Katze oder ein Eichhörnchen vertreiben. Der Zaunkönig hält sich meistens in Bodennähe oder in niedrigen Gebüschen auf, gern auch an Grabenrändern oder unter überhängenden Wurzeln an kleinen Wasserläufen. „An Munterkeit und froher Laune, an Geschicklichkeit und Schnelle im Durchschlüpfen des Gestrüpps und an einer gewissen Keckheit im Benehmen übertrifft der Zaunschlüpfer die meisten deutschen Vögel", beschreibt ihn „Brehms Tierleben". Auch am Boden ist er sehr flink, indem er in gebückter Haltung hüpft und daher schnell mit einer Maus verwechselt wird. Wegen der kurzen Flügel mit 4,9 bis 5,3 cm Länge ist er dagegen kein so geschickter Flieger. Sein Gefieder ist braun, die Oberseite dunkelbraun, die Unterseite etwas heller. Der kurze Stummelschwanz ist fast immer aufgestellt.

Beeindruckende Stimme

Er hat einen wunderschönen Gesang, der aus vielen abwechselnden, hellpfeifenden Tönen besteht. Darin baut er auch einen Triller ein, der einem Kanarienvogel in nichts nachsteht. Dieser Triller wird oft gegen Ende des Gesangs wiederholt und bildet damit den Schluss. Das Lied erklingt schon in der kalten Jahreszeit. „Wem im Winter beim Lied des Zaunkönigs das Herz nicht aufgeht in der Brust, der braucht vom Gefühl überhaupt nicht zu reden", heißt es in „Brehms Tierleben". Im Frühjahr folgt der Gesang frühmorgens auf den des Gartenrotschwanzes. Dieser startet bei Sonnenaufgang das Vogelkonzert. Nach dem Zaunkönig melden sich sogleich Rotkehlchen, Amsel, Kuckuck und Kohlmeise. Die Vogelmännchen stecken damit akustisch ihr Revier ab, verteidigen das Territorium gegen Eindringlinge und versuchen schließlich, mit ihrem Gesang ein Weibchen zu beeindrucken. Dass Lautstärke nicht unbedingt etwas mit Größe zu tun hat, demonstriert der Zaunkönig eindrucksvoll: Er hat laut NABU im Verhältnis zu seiner Körpergröße die lauteste Stimme unter den Singvögeln. Er kommt auf bis zu 90 Dezibel und ist damit fast 500 m weit zu hören. Zum Vergleich: 90 Dezibel ist in etwa der Schallpegel einer Kreissäge oder eines Presslufthammers in 10 m Entfernung.

Ein kugeliges Nest

Das Nest des Zaunkönigs ist kugelförmig mit einem Schlupfloch. Es ist sehr kunstfertig aus dünnen Zweigen, Laub und Moos gebaut. Man nimmt an, dass die Nestform zu seinem lateinischen Namen geführt hat: Übersetzt bedeutet *Troglodytes* „Höhlenbewohner". Der Zaunkönig baut sein Nest beispielsweise in Spalten oder Nischen, in Mauerlöchern oder Efeuwänden. Der Nestbau ist beim Männchen sehr beliebt. Es errichtet immer mehrere, von denen sich das Weibchen eines als Brutstätte für den Nachwuchs aussucht. Dieses polstert der kleine Baumeister mit Moos, Federn oder Wolle innen weich aus. Die anderen werden als Schlafnester verwendet. Sie werden auch Spielnester genannt. Das Weibchen brütet ab Ende März fünf bis sieben Eier aus, anschließend kümmern sich beide Elternteile um den Nachwuchs.

Schnabel als Pinzette

Der Zaunkönig frisst Würmer, Spinnen, Insekten oder Beeren. Dafür ist sein Pinzetten-Schnabel sehr gut geeignet. Wie die Deutsche Wildtierstiftung erklärt, ist der längliche, spitz zulaufende, schmale Schnabel typisch für Weichfutterfresser. Damit können die Vögel getrocknete Beeren und Rosinen, Apfelstückchen oder Mehlwürmer aufspießen und verspeisen. Mit dem winzigen Schnabel erreicht der Vogel auch in kleinsten Ritzen sitzende Beutetiere. Neben dem Zaunkönig gehören zu den Weichfutterfressern Rotkehlchen, Drossel, Star, Heckenbraunelle, Kleiber, Baumläufer und Specht. Zu den Feinden des Zaunkönigs zählen Greifvögel, Fuchs, Eichhörnchen oder Marder. Viele Jungvögel fallen ebenso Hauskatzen, Ratten und verschiedenen größeren Vögeln zum Opfer.

Kuscheln im Winter

Die ansonsten eher einzelgängerisch lebenden Vögel bilden im Winter Schlafgemeinschaften und trotzen in Gruppen eng aneinander gekuschelt der Kälte. Damit alle davon profitieren können, werden regelmäßig die Plätze getauscht: Jeder rückt einmal in die warme Mitte. Dieses Phänomen wurde laut Deutscher Wildtierstiftung auch bei den kleinsten heimischen Singvögeln, den Wintergoldhähnchen, beobachtet.

Nisthilfen selbst bauen

Wer Singvögeln helfen will, kann im Garten Nisthilfen aufhängen. Dabei ist jedoch zu beachten, dass jede Art eigene Formen und Größen bevorzugt. Das betrifft nicht nur die Größe des Einfluglochs, sondern auch die Art des Nests und der Ort. Schwalben mögen z. B. eine Napfform in einer Nische mit Dach, Grauschnäpper eine Mulde auf einem Vorsprung. Der Zaunkönig bevorzugt ein kugeliges Nest an einer geschützten Stelle. Viele dieser Nisthilfen können geschickte Bastler selbst bauen. Bauanleitungen und Tipps für den geeigneten Ort zum Aufhängen oder fertige Nistkästen finden Sie unter www.nabu.de oder unter www.bund.net

Wenn Sie genau wissen wollen, von welchem lauten Krakeeler sie geweckt wurden oder ob das Geschmetter im Gebüsch wirklich vom Zaunkönig stammt, dann hilft eine Vogelbestimmungs-App für Ihr Smartphone. Wir haben gute Erfahrungen mit der App „NABU-Vogelwelt" gemacht.

Albert-Ludwigs-Universität Freiburg im Breisgau: Mehrjährige Blühstreifen in Kombination mit Hecken unterstützen Wildbienen in Agrarlandschaften am besten, www.idw-online.de (Abruf am 27.9.2020)

Arbeitskreis Wildbiologie: Informationen über Fledermäuse, www.wildbiologie.com (Abruf: 28.4.2008)

Auswertungs- und Informationsdienst für Ernährung, Landwirtschaft und Forsten (aid): Heimische Wildbienen, Hummeln und Wespen; aid 3557, 1998

Bayerisches Staatsministerium für Umwelt, Gesundheit und Verbraucherschutz (StMUGV), Wildtierportal: Elster; www.wildtierportal.bayern.de (Abruf: 4.10.22)

Bayerisches Staatsministerium für Umwelt, Gesundheit und Verbraucherschutz (StMUGV): Der Boden als Lebensraum: Produzenten und Konsumenten, Zersetzer und Aasfresser, Räuber und Parasiten

Brandenburgisches Landesamt für Umwelt: An vielen Gewässern blieb es still: Froschportal online sammelt Meldungen über Amphibien und Reptilien; Presseinformation vom 21.5.2021

Brehm's Thierleben in sechs Bänden; Nachdruck der Faksimile-Ausgabe der 1. Auflage von 1863-1869, Stuttgarter Faksimile-Edition, Fackelverlag

BUND: Die Schwarze Heidelibelle ist Libelle des Jahres 2019; Pressemitteilung vom 29.11.2018

BUND: Tagpfauenauge ist Schmetterling des Jahres 2009; Pressemitteilung vom 18.12.2008

BUND: Schmetterlinge schützen
Bundesministerium für Umwelt, Naturschutz und innere Sicherheit: Aktionsprogramm Insektenschutz, 2021

Bund Naturschutz in Bayern: Hornissen – friedliche Insektenjäger, BN Ökotipp

Bund Naturschutz in Bayern: Libellen in Bayern, www.bund-naturschutz.de (Abruf: 6.8.2021)

Coopzeitung: Wie spinnt die Spinne ihr Netz ?; www.coopzeitung.ch (Abruf: 18.9.2022)

Der Ameisenlöwe: Artensteckbrief, Naturschutzbund Deutschland, www.nabu.de (Abruf: 3.9.2022)

Deutsche Wildtierstiftung: Altweibersommer ist, wenn Spinnen durch die Lüfte fliegen; Pressemitteilung vom 20. August 2009

Deutsche Wildtierstiftung: Auch Wildtiere helfen unserem Wald; Pressemitteilung vom 28. September 2022

Deutsche Wildtierstiftung: Fit wie ein Eichhörnchen!, Pressemitteilung vom 20. Juli 2011

Deutsche Wildtierstiftung: Hoppla, Herr Maulwurf wandelt jetzt auf Freiersfüßen; Pressemitteilung vom 26.2.2020

Deutsche Wildtierstiftung: Maulwurf-Wünsche: Liebe, Larven, Lebensraum; Pressemitteilung vom 27.12.2019

Deutsche Wildtierstiftung: Raus aus dem Bau, rein in die Sumpfburg; Pressemitteilung vom 26.10.2020

Deutsche Wildtierstiftung: Winter im Wald: Nicht über allen Wipfeln ist Ruh!; Pressemitteilung vom 6.12.2012

Deutsche Wildtierstiftung: Steckbrief Kreuzspinne; www.deutschewildtierstiftung.de (Abruf 18.9.2022)

Deutsche Wildtierstiftung: Steckbrief Maulwurf; www.deutschewildtierstiftung.de (Abruf 4.9.2022)

Deutsche Wildtierstiftung: Steckbrief Elster, Eichhörnchen, Igel, Schmetterling, Wildbienen; www.deutschewildtierstiftung.de (Abruf 3.10.2022)

Deutsche Wildtierstiftung: Steckbrief Fledermäuse; www.eutschewildtierstiftung.de (Abruf 10.10.2022)

Deutsche Wildtierstiftung: Ratgeber Fährten und Spuren, 2015

Deutsche Wildtierstiftung: Schlaft gut, bis nächstes Jahr!, Pressemitteilung vom 24.11.22

Deutsche Wildtierstiftung: Winterschlaf: Das große Schnarchen beginnt; www.idw-online.de (Abruf: 9.10.22)

Deutsche Wildtier Stiftung: Zeig mir deinen Schnabel und ich sage dir, was du frisst; www.idw-online.de (Abruf: 4.10.22)

Friedrich-Schiller-Universität Jena: „Arbeitsteilung bei Ameisen bereits seit über 100 Millionen Jahren"; www.idw-online.de (Abruf: 3.9.2022)

Gartenjournal: Aus dem Leben der Regenwürmer; www.gartenjournal.net (Abruf:14.10.2022)

GEO kompakt Nr. 11: Insekten; 2007

KIT-Zentrum Klima und Umwelt: Biodiversität – Landnutzung als Bedrohung und Chance für Hummeln; Presseinformation vom 10.8.2021

Kosmeier, Dieter: Keine Angst vor Hornissen; www.hornissenschutz.de (Abruf: 12.10.2022)

Krumm, Michael: Woher stammt die Redewendung „Der Teufel ist ein Eichhörnchen"?; in: Hamburger Abendblatt, 8.7.2014

Kleinschmidt, O.: „Die Singvögel der Heimat", Verlag von Quelle & Meyer, 1931

Landesgesundheitsamt Baden-Württemberg: Mauer-, Keller- und Rollassel; 2009

Land Oberösterreich: Kleinsäuger in meinem Garten; (pdf, Abruf 15.10.22)

Land Oberösterreich: Seltene Kleinsäuger in Oberösterreich; (pdf, Abruf 15.10.22)

Martin-Luther-Universität Halle-Wittenberg: „Ameisen schlucken ihre eigene Säure, um sich vor Keimen zu schützen"; www.idw-online.de (Abruf am 3.11.2020)

Ministerium für Ernährung, Landwirtschaft und Verbraucherschutz: Schwalben dürfen in Niedersachsens Ställen weiter brüten; Pressemitteilung vom 19.8.2015

Ministerium für Landwirtschaft und Umwelt Mecklenburg-Vorpommern: Backhaus: Zum Schutz der Igel Mähroboter nachts stehen lassen; Pressemitteilung vom 12.4.2019

NABU Mecklenburg-Vorpommern: Der Siebenschläfer... macht die Nacht zum Tag; www.mecklenburg-vorpommern.nabu.de (Abruf: 15.10.2022)

NABU Schleswig-Holstein: Der Flug der Ameisen; www.schleswig-holstein.nabu.de (Abruf: 3.9.2022)

NABU Schleswig-Holstein: Von Rötel- und Gelbhalsmäusen; www.schleswig-holstein.nabu.de (Abruf: 15.10.2022)

NABU: Steckbrief Buntspecht, Grünspecht; www.nabu.de (Abruf: 3.10.22)

NABU: Steckbrief Rauchschwalbe; www.nabu.de (Abruf: 13.10.22)

NABU: Steckbrief Waldohreule; www.nabu.de (Abruf: 14.10.22)

NABU: Steckbrief Zaunkönig; www.nabu.de (Abruf: 14.10.22)

NABU: Frösche, Kröten und Molche, 4. Auflage 2014

NABU: Fledermäuse; NABU info,; www.nabu.de, Abruf 28.4.2008)

NABU: Baumeister auf acht Beinen – Aus dem Leben der Gartenkreuzspinne; www.nabu.de (Abruf: 18.9.2022)

Naturhistorisches Museum Wien: Fünf junge Waldohreulen sind „echte Wiener"; www.idw-online.de (Abruf:14.10.2022)

Naturmuseum Olten: Raben: Schlaue Biester mit schlechtem Ruf; 2011

Nicolai, Jürgen: Vogelleben; Rowohlt Verlag, 1975

Nicolai, Jürgen: Nicolais Greifvogelkompass, Gräfe und Unzer Verlag

Niedersächsisches Landesamt für Verbraucherschutz und Lebensmittelsicherheit: Honigtauhonig – der etwas andere Sortenhonig; www.laves.niedersachsen.de, Abruf am 3.9.2022)

Pestizid Aktions-Netzwerk (PAN) Germany: Silberfischchen, Kellerasseln und Schimmelpilze

Planet Wissen: Frösche und Kröten; www.planet-wissen.de/natur/reptilien_und_amphibien/froesche_und_kroeten (Abruf: 13.10.2022)

Reichholf-Riehm, Dr Helgard: Insekten mit Anhang Spinnentiere; Mosaik Verlag, 1996

Resch, Dr. Christine und Dr. Stefan Resch: Haselmaus; www.kleinsaeuger.at (Abruf: 15.10.2022)

Resch, Dr. Christine und Dr. Stefan Resch: Siebenschläfer; www.kleinsaeuger.at (Abruf: 15.10.2022)

Resch, Dr. Christine und Dr. Stefan Resch: Waldmaus; www.kleinsaeuger.at (Abruf: 14.10.2022)

Rheinischer Landwirtschafts-Verband: „Schwalbe sucht Dorf"; Pressemitteilung vom 19.5.2011

Ruhr-Universität Bochum: Eitle Elstern: Vögel erkennen sich selbst im Spiegel; www.idw-online.de (Abruf: 21.8.2008)

Sielmann-Stiftung: Naturführer Sielmann kompakt „Amphibien im Porträt" (pdf, Abruf 13.10.2022)

Sielmann-Stiftung: Naturführer Sielmann kompakt „Heimische Eulen" (pdf, Abruf 14.10.2022)

Sielmann-Stiftung: Naturführer Sielmann kompakt „Heimische Gartenvögel" (pdf, Abruf 13.10.2022)

Sielmann-Stiftung: Naturführer Sielmann kompakt „Heimische Schmetterlinge" (pdf, Abruf 13.10.2022)

Sielmann-Stiftung: Naturführer Sielmann kompakt „Heimische Spinnenarten" (pdf, Abruf 13.10.2022)

Sielmann-Stiftung: Naturführer Sielmann kompakt „Heimische Wespen" (pdf, Abruf 13.10.2022)

Sielmann-Stiftung: Naturführer Sielmann kompakt „Libellen – faszinierende Flugkünstler" (pdf, Abruf 13.10.2022)

Sielmann-Stiftung: Naturführer Sielmann kompakt „Unsere Wildbienen" (pdf, Abruf 13.10.2022)

Sielmann-Stiftung: Igel ist Tier des Jahres 2020; Pressemitteilung vom 2.6.2020

Tauchert, Peter, Aktion Wespenschutz, Wespenarten, Stich und Allergie, Schutz vor Wespen; www.aktion-wespenschutz.de (Abruf: 10.10.2022)

Tonge, Simon J.: Gartenspitzmaus; www.kleinsaeuger.at (Abruf: 15.10.2022)

Trepte, Andreas: Vögel in Deutschland „Rauchschwalbe", www.avi-fauna.info (Abruf: 13.10.22)

Trepte, Andreas: Vögel in Deutschland „Waldohreule", www.avi-fauna.info (Abruf: 14.10.22)

Insect-Respect: Schwarze Wegameise; www.insect-respect.org (Abruf: 3.9.2022)

Schweizerischer Nationalfonds SNF: „Die komplexe Organisation einer Ameisenkolonie", www.idw-online.de (Abruf am 18.6.2021)

Senckenberg Forschungsinstitut und Naturmuseen: Vorratshaltung beim Tannenhäher: Samenverstecke nutzen dem „gefiederten Förster" mehr als den Bäumen; www.idw-online.de (Abruf: 9. Oktober 2022)

Spektrum der Wissenschaft: Warum Spechte keine Kopfschmerzen kennen; Scilogs; www.spektrum.de (Abruf: 3.10.22)

Spektrum der Wissenschaft: Eichhörnchen, die Supersportler; 10.8.2021

Staatliches Museum für Naturkunde Stuttgart: „Die Rainfarn-Maskenbiene ist die Wildbiene des Jahres 2022", www.idw-online.de (Abruf am 3.9.2022)

Staatliches Museum für Naturkunde Stuttgart: Veränderungen in der Schweizer Flora und die Auswirkungen auf blütenbesuchende Insekten (idw-online.de, Abruf 1.10.2022)

Stern, Horst, Wolfgang Schröder, Frederic Vester, Wolfgang Dietzen: „Rettet die Wildtiere", Wilhelm Heyne Verlag, 1983

Umweltbundesamt: Ameisen, Weg- und Rossameise:, www.umweltbundesamt.de (Abruf: 3.9.2022)

Umweltbundesamt: Kellerassel; www.umweltbundesamt.de (Abruf: 13.9.2022)

Universität Basel: Spinnen fressen jedes Jahr 400 bis 800 Millionen Tonnen Beutetiere; www.idw-online.de (Abruf: 15.3.2017)

Universität Münster, Projekt Hypersoil, Steckbrief Regenwürmer (https://hypersoil.uni-muenster.de/0/07/05/16.htm (Abruf: 14.10.2022)

Universität Wien: Invasive Säugetiere in Europa als Gefahr für Gesundheit und Biodiversität; www.idw-online.de (Abruf: 9.10.2022)

Urania Tierreich in sechs Bänden, Urania-Verlag: Ausgabe Insekten (1989), Ausgabe Vögel (1995), Ausgabe Wirbellose Tiere 1 (1993), Ausgabe Wirbellose Tiere 2 (1994), Säugetiere (1992)

Vögel im Garten: Waldohreule, Zaunkönig; www.voegel-im-garten.de (Abruf: 14.10.22)

Vogel und Natur: Die Elster – Diebisch oder hochintelligent?, www.vogelundnatur.de (Abruf: 4.10.22)

Weber, Andreas: Hummeln: Wunderwesen mit Gefühl; National Geographic 6/2017

Wörner, Dr. Frank G: Das Eichhörnchen – Notizen zu einem Kobold unserer Wälder; Tierpark Niederfischbach, 2020

Impressum

Deutsche Originalausgabe:

LV.Buch im Landwirtschaftsverlag GmbH, 48084 Münster

1. Auflage 2023

Herausgeber: top agrar im Landwirtschaftsverlag GmbH

Gestaltung: Monika Wagenhäuser,
LV Media Pro im Landwirtschaftsverlag GmbH

Titelgestaltung: Bettina Tiedemann,
LV Media Pro im Landwirtschaftsverlag GmbH

Illustrationen: Mona Neumann

Lektorat: Melanie Suttarp, Landwirtschaftsverlag GmbH

Druck: Westermann Druck Zwickau GmbH

ISBN 978-3-7843-5734-8

www.lv-buch.de